T0281293

Quantenmechanik verstehen

Springer-Verlag Berlin Heidelberg GmbH

"Once and for all I want to know what I'm paying for. When the electric company tells me whether light is a wave or a particle I'll write my check." © 2001 by Sidney Harris – Scientific American

Herbert Pietschmann

Quantenmechanik verstehen

Eine Einführung
in den Welle-Teilchen-Dualismus
für Lehrer und Studierende

 Springer

Professor Dr. Herbert Pietschmann
Institut für Theoretische Physik, Universität Wien
Boltzmanngasse 5, 1090 Wien, Austria

Mit 22 Abbildungen

ISBN 978-3-642-62752-1

Die Deutsche Bibliothek – CIP-Einheitsaufnahme:
Pietschmann, Herbert: Quantenmechanik verstehen: eine Einführung in den Welle-Teilchen-Dualis-
mus für Lehrer und Studierende/ Herbert Pietschmann. –
Berlin ; Heidelberg ; New York; Hongkong; London; Mailand; Paris; Tokio:
Springer, 2003
ISBN 978-3-642-62752-1   ISBN 978-3-642-55588-6 (eBook)
DOI 10.1007/978-3-642-55588-6

Umschlagbild: Erwin Schrödinger mit Pfeife, Alpbach 1956 (Mit Genehmigung der Österreichischen
Zentralbibliothek für Physik, Wien Austria)
Lektorat und Satz: Comp@ll Ingmar Köser, Ladenburg
Einbandherstellung: Erich Kirchner, Heidelberg

SPIN: 11015109   55/3111/ba - 5 4 3 2 1 – Gedruckt auf säurefreiem Papier

Vorwort

In der Einleitung zu seinen berühmten „Lectures on Physics" schreibt Richard Feynman über die Quantenmechanik:[1]

„Even the experts do not understand it the way they would like to, and it is perfectly reasonable that they should not, because all of direct, human experience and of human intuition applies to large objects."
(Selbst Experten verstehen sie nicht so, wie sie gerne wollten, und das ist auch vernünftig, weil sich alle menschliche Erfahrung und Intuition auf große Objekte bezieht.)

Wenn einer der besten Kenner und Förderer der Quantenmechanik zugibt, sie nicht so verstehen zu können, wie er es gerne täte, dann muss ich wohl erklären, wieso ich denen, die Quantenmechanik bloß zu vermitteln haben – ja sogar Anfängern – zumuten kann, sie zu verstehen.

Ich meine, es liegt an einem unterschiedlichen Begriff von „verstehen"! Im 19. Jahrhundert hat Lord Kelvin (William Thomson) seinen Verständnisbegriff so dargestellt:[2]

„Ich bin erst dann zufrieden, wenn ich von einer Sache ein mechanisches Modell herstellen kann. Bin ich dazu in der Lage, dann kann ich sie verstehen. Wenn ich mir nicht in jeder Hinsicht ein Modell machen kann, dann kann ich sie auch nicht verstehen."

Freilich bezog sich dies auf Objekte in unserer Umwelt, auf „large objects", wie Feynman es nannte. Es ist das „Verstehen" der klassischen

---

[1] Richard P. Feynman: Lectures on Physics – Quantum Mechanics. Addison-Wesley, Reading MA (1965) 1-1.

[2] „I am never content until I have constructed a mechanical model of the subject I am studying. If I succeed in making one, I understand; otherwise I do not." William Thomson (1824–1907): Molecular Dynamics and the Wave Theory of Light. www.top-biography.com/9103-William%20Thomson/quotations.htm.

Physik. Wir können wohl auch „mechanisch" durch „widerspruchsfrei"
ersetzen und den Begriff dadurch erweitern, ohne ihn wesentlich zu verändern.

Wenn wir unter „verstehen" meinen, etwas widerspruchsfrei zu machen oder uns eine bildliche Vorstellung – anschaulich – zu erzeugen,
dann ist Quantenmechanik tatsächlich nicht zu verstehen. Ich will aber
den Begriff „verstehen" weiter fassen; wenn wir aus einem Gegenstand
– z. B. der Quantenmechanik – alle Widersprüche, die wir eliminieren
können, entfernt haben, aber bei denjenigen Widersprüchen, die dann
noch übrig bleiben, erkannt haben, warum sie nicht zu eliminieren sind,
und wir sie überdies handhaben können, dann haben wir diesen Gegenstand in einem weiteren Sinne auch „verstanden". Auf Anschaulichkeit
im klassischen Sinne müssen wir dann freilich verzichten!

In diesem Buch werde ich versuchen, auf dem eben beschriebenen
Wege die Quantenmechanik verständlich zu machen. Wir müssen uns
daher ein wenig einüben, mit grundsätzlichen Widersprüchen umzuge-
hen. Nur soweit dies für unsere Zwecke unumgänglich ist, möchte ich
es hier darlegen. Wer mehr darüber wissen will, sei auf mein wissen-
schaftstheoretisches Buch[3] verwiesen. Dort habe ich – zweifellos ein
wenig kritisch – bemerkt:[4]

„Während es für alle anderen Teilgebiete der Physik einen mehr oder weniger ‚klassischen' Darstellungsmodus gibt, ist dies bei der Quantenmechanik
nicht der Fall. Zwar gilt es für den mathematischen Teil, weil dieser ja keine
Widersprüche enthält. Aber die Interpretation wird vermutlich von jedem
akademischen Lehrer anders dargestellt, wobei jeder meint, seine Methode
sei wohl die einleuchtendste. ... Daher entstehen auch immer wieder neue
Lehrbücher der Quantenmechanik, die jeweils eine andere Darstellung bringen, ohne zum mathematischen Apparat wesentliches hinzuzufügen."

Mit diesem Buch scheine ich mich selbst meinem eigenen Vorwurf aus-
zusetzen!

Ohne dies leugnen zu wollen, möchte ich nur noch darauf verweisen, dass ich mich an einen bisher eher vernachlässigten Leserkreis
wende: An alle diejenigen Lehrerinnen und Lehrer, die Quantenmechanik unterrichten sollten, dafür aber keine geeigneten Hilfsmittel zur

---

[3] Herbert Pietschmann: Phänomenologie der Naturwissenschaft. Springer,
Berlin Heidelberg New York (1996).
[4] a. a. O. S. 208.

Vorbereitung finden; aber auch an alle jene Studentinnen und Studenten, die vor den meist mathematisch aufwändigen Hochschullehrbüchern eine Einführung lesen wollen, die weder auf mathematische Hilfsmittel verzichtet, noch zu weitgehende mathematische Kenntnisse voraussetzt. Um das Lesen zu erleichtern, ohne längere Zwischenrechnungen wegzulassen, habe ich diese in mehreren Anhängen zusammengestellt.

Wer nur daran interessiert ist, den Formalismus der Quantenmechanik kennen zu lernen, um ihn anwenden zu können, ist mit anderen Büchern besser beraten! Hier geht es um ein möglichst tiefgehendes „Verständnis" der Grundlagen, die zu einer der aufregendsten Entwicklungen in der Geistesgeschichte geführt haben. Dieses Verständnis ist nicht gefordert, wenn Quantenmechanik lediglich erfolgreich angewandt werden soll! Wer aber Quantenmechanik vermitteln will (oder selbst ein tieferes Verständnis anstrebt), darf sich nicht mit der bloßen Anwendung begnügen. Dieses Ziel erfordert leider Kompromisse. Der Formalismus (und seine Anwendung), der in vielen Lehrbüchern ausgezeichnet dargestellt ist, bleibt hier Mittel zum Zweck, auf das allerdings nicht vollständig verzichtet werden konnte. Ich habe versucht, ihn einerseits auf das Notwendigste zu beschränken, andererseits aber dort auszubauen, wo er – nach meinem Dafürhalten – zum Verständnis beitragen kann.

Leserinnen und Leser, die sich zunächst einen ersten Überblick verschaffen wollen (oder die an den mathematischen Details nicht interessiert sind) können folgende Abschnitte (die zur deutlichen Kennzeichnung mit einem *Rufzeichen nach der Abschnittsnummer* versehen sind) überspringen: Abschn. 4.3!, 5.4 ab dem 4. Absatz, 5.5!, 6.1!–6.3! und 8.3!, 8.4!; der K-Einfang – Abschn. 5.2 – stellt zwar meines Erachtens nach eines der besten Beispiele für einen „Quantensprung" dar, erfordert aber einige Grundkenntnisse aus der Physik des β-Zerfalls; falls dies verwirren könnte, muss auch dieser Abschnitt übersprungen werden. Wer nach dem „Verständnis" der wesentlichen Elemente tiefer in die Quantenmechanik eindringen will, sei auf die zahlreichen Lehrbücher verwiesen; nur die mir besonders nahtlos an dieses Buch anzuschließen scheinen, möchte ich hier anführen.[5]

---

[5] Franz Schwabl: Quantenmechanik. Springer, Berlin Heidelberg New York (1988) und Heinrich Mitter: Quantentheorie, 3. Auflage. B.I.-Hochschultaschenbuch Bd. 701, B.I.-Wissenschaftsverlag, Mannheim Leipzig Wien (1994).

Meine Kollegen Reinhold Bertlmann und Heinz Rupertsberger haben sich der Mühe unterzogen, das Manuskript durchzusehen, um Fehler auszumerzen und Unklarheiten zu beseitigen, wofür ich ihnen von ganzem Herzen dankbar bin!

Wien, Juni 2002   *Herbert Pietschmann*

Inhaltsverzeichnis

1. Die Physik am Ende des 19. Jahrhunderts

Ehe wir die großartigen Neuerungen der Physik des 20. Jahrhunderts[1] näher betrachten, müssen wir uns ein wenig in die Begriffswelt des ausgehenden 19. Jahrhunderts eindenken. Die Physik bildete eine wohlgeordnete, übersichtliche Wissenschaft, so dass sogar die Meinung aufkam, sie sei eine im Wesentlichen abgeschlossene Disziplin.

Die theoretische Beschreibung umfasste mehrere, getrennte Kapitel, von denen einige die Begriffe der Kontinuumsphysik, andere die der „Physik der Massenpunkte" gebrauchten. Typische Themen der Kontinuumsphysik waren Elektrodynamik, Wellenlehre und Optik, Hydrodynamik und dergleichen; zur Physik der Massenpunkte gehörte vor allem die klassische Mechanik in ihren vielfältigen Anwendungen.

Eines der gründlichsten Lehrwerke der theoretischen Physik beginnt in seinem ersten Band – der „Mechanik" – mit den Worten:[2]

„Einer der Grundbegriffe der Mechanik ist der Begriff des Massenpunktes. Unter dieser Bezeichnung versteht man einen Körper, dessen Ausmaße man bei der Beschreibung seiner Bewegung vernachlässigen kann."

Die Autoren fügen sogleich eine Fußnote an, in der es heißt:

„Statt ‚Massenpunkt' werden wir oft ‚Teilchen' sagen."

Tatsächlich sind die beiden Begriffe äquivalent, „Massenpunkt" ist lediglich die ältere Bezeichnung, „Teilchen" die jüngere. Ein „Punkt"

---

[1] Thomas Kuhn spricht vom „Paradigmenwechsel" in: Die Struktur wissenschaftlicher Revolutionen. Suhrkamp, Frankfurt/Main (1973).

[2] L. D. Landau und E. M. Lifschitz: Lehrbuch der theoretischen Physik I, Mechanik. Akademie Verlag, Berlin (1963) S. 1.

ist aber der Inbegriff des Diskreten; schon Euklid definiert zu Beginn seiner berühmten „Elemente[3]:"

„Ein Punkt ist, was keine Teile hat."

Demnach können wir den vorigen Absatz umformulieren, indem wir die Physik des ausgehenden 19. Jahrhunderts in getrennte Bereiche geteilt sehen; sie beschreiben – wahlweise – folgende Paare:

- Kontinuumsphysik – Physik des Diskreten
- Wellenphänomene – Teilchenphänomene
- Physik der Felder – Physik der Massenpunkte

Die Begriffsbildung und die physikalischen Vorgänge sind dabei in den beiden Bereichen grundverschieden und unvereinbar. Dies müssen wir uns nun genauer ansehen.

1.1 Die Begriffe der Kontinuumsphysik

Der zentrale Begriff der Kontinuumsphysik ist die **Dichte** ρ. Sie kann vom Ort und der Zeit abhängen, also[4] $\rho = \rho(\boldsymbol{x}, t)$. Das räumliche Integral über die Dichte in einem gegebenen Volumen ist die entsprechende Größe, z. B. Ladung oder Masse,

$$Q(t) = \int_V d^3x \, \rho(\boldsymbol{x}, t) \,. \tag{1.1}$$

V ist dabei ein beliebiges Volumen und Q die Gesamtladung (oder -masse) in diesem Volumen. Da wir das Volumen V beliebig lassen, wird sich die Ladung in diesem Volumen durch Ein- und Ausströmen im Allgemeinen ständig ändern.

Ein besonders wichtiger Begriff in der Physik ist der der **Erhaltungsgrößen**[5]. In der Kontinuumsphysik ist eine erhaltene Größe da-

---

[3] Euklid: Die Elemente, Ostwalds Klassiker der exakten Wissenschaften Bd. 235. Harri Deutsch, Frankfurt/Main (1997) S. 1.

[4] Wir notieren Dreiervektoren entweder mit Fettbuchstaben oder durch Pfeile.

[5] An den Zusammenhang von Erhaltungsgrößen und Symmetrieeigenschaften (oder Invarianzen) sei dabei erinnert. Für technische Details siehe z. B. Landau-Lifschitz, a. a. O., Kap. 2. Eine qualitative Beschreibung findet sich in H. Pietschmann, Phänomenologie, a. a. O., S. 142ff.

durch bestimmt, dass jede zeitliche Änderung in einem beliebig vorgegebenen Volumen durch Ein- oder Ausströmen zustande kommt, dass es also weder Quellen noch Senken geben kann. Mathematisch können wir dies so formulieren, dass wir zu der gegebenen Dichte eine Stromdichte $j(x, t)$ finden, für die das eben Gesagte gilt, also

$$\frac{d}{dt}Q = \dot{Q}(t) = -\oint_O df \cdot j(x,t) \,, \tag{1.2}$$

wobei das Flächenintegral über die gesamte (geschlossene) Oberfläche O des Volumens V zu nehmen ist; df ist dabei ein Oberflächenelement als Vektor, der normal auf die Oberfläche gerichtet ist. Wir haben das Skalarprodukt mit dem Stromdichtevektor zu nehmen; das geht schon daraus hervor, dass eine parallel zur Oberfläche gerichtete Strömung nichts durch die Oberfläche treten lässt und daher die Ladung Q nicht verändert.

j unterscheidet sich in der Dimension von ϱ gerade durch eine Geschwindigkeit. Handelt es sich etwa – wie in der Hydrodynamik – bei Q um Flüssigkeitsmengen, dann ist ϱ die Flüssigkeitsdichte und der Stromdichtevektor ist gegeben durch

$$j(x, t) = v \cdot \varrho(x, t) \,.$$

Setzen wir (1.1), die Definition von Q, in (1.2) ein, so erhalten wir

$$\int_V d^3x \frac{\partial \varrho}{\partial t} = -\oint_O df \cdot j(x, t) \,. \tag{1.3}$$

Das Oberflächenintegral können wir nach dem Gaußschen Integralsatz[6] in ein Volumenintegral verwandeln und erhalten

$$\int_V d^3x \left\{ \frac{\partial \varrho}{\partial t} + \nabla j \right\} = 0 \,,$$

wobei ∇j auch als div j geschrieben werden kann. Da das Integrationsvolumen vollständig beliebig gewählt werden konnte, dürfen wir nun

---

[6] Wer mit der hier verwendeten Mathematik nicht vertraut ist, sollte eines der vielen Lehrbücher über mathematische Methoden der Physik zu Rate ziehen, z. B. C. Lang und N. Pucker: Mathematische Methoden in der Physik. Hochschultaschenbuch Spektrum, Heidelberg (1998).

auch die Integration weglassen[7] und den Integranden selbst Null setzen:

$$\frac{\partial \varrho}{\partial t} + \nabla j = 0 \ . \tag{1.4}$$

Dies ist die wichtige **Kontinuitätsgleichung**; sie ist der mathematische Ausdruck eines Erhaltungssatzes in der Kontinuumsphysik. Zu jeder kontinuierlichen, erhaltenen Größe gehört demnach eine Dichte und ein Stromdichtevektor, die zusammen die Kontinuitätsgleichung (1.1) erfüllen müssen.

Ein wesentliches Phänomen der Kontinuumsphysik stellen **Wellen** dar, die mathematisch beschrieben werden durch

$$u(x, t) = A \cdot \cos(kx - \omega t) \ . \tag{1.5}$$

An Stelle des Cosinus können wir gemäß der Eulerschen Formel

$$\exp(iX) = \cos X + i \sin X \tag{1.6}$$

auch den Realteil der Exponentialfunktion, also Re(exp) schreiben, wenn wir vor das Argument ein i setzen,

$$u(x, t) = \text{Re}\{A \exp[i(kx - \omega t)]\} \ . \tag{1.7}$$

Da wir immer mit linearen Phänomenen arbeiten, werden wir – wie üblich – den Hinweis auf den Realteil unterdrücken und Wellen durch die Exponentialfunktion darstellen. A ist dabei die **Amplitude**, k der **Wellenzahlvektor** und ω die Kreisfrequenz $2\pi f$, die wir oft auch einfach **Frequenz** nennen werden, wenn keine Verwechslungsgefahr mit f droht. Das Produkt aus **Wellenlänge** λ und Frequenz f ist die **Geschwindigkeit** der Wellen

$$\lambda f = c \ . \tag{1.8}$$

Alle diese Begriffe sind Grundelemente der Kontinuumsphysik. Sie verlieren ihren Sinn in der klassischen Physik der Massenpunkte (oder Teilchen).

Die Intensität einer Welle ist dem Quadrat der Amplitude proportional.

---

[7] Dies ist selbstverständlich nur bei *völlig beliebigem* Integrationsbereich erlaubt! Im Allgemeinen gilt dies nicht, wie schon das einfache Beispiel $\sin \varphi$ zeigt. Das Integral von 0 bis 2π verschwindet, die Funktion selbst freilich nicht.

Typische Phänomene der Kontinuumsphysik sind **Interferenz** und **Beugung**. An Hand dieser Phänomene können wir experimentell eindeutig feststellen, ob es sich bei einem vorliegenden Prozess um ein Kontinuumsphänomen handelt oder nicht: Indem wir nach der Existenz von Interferenz fragen. Können wir sie nachweisen, haben wir den „Wellencharakter" (oder die Kontinuumsnatur) des Phänomens sichergestellt.

1.2 Die Begriffe der Physik des diskreten Massenpunktes

Einer der zentralen Begriffe der Physik von Massenpunkten ist die **Bahn** des Massenpunktes. Sie kann aus den Bewegungsgleichungen ermittelt werden, wenn z. B. Ort und Geschwindigkeit des Massenpunktes zu einem gegebenen Zeitpunkt t bekannt sind. Statt der Geschwindigkeit v kann auch der **Impuls**, $p = m \cdot v$, verwendet werden. Aus der Bahnkurve

$$x = x(t)$$

kann zu jedem Zeitpunkt t der Ort x und der Impuls

$$p(t) = m \cdot \dot{x}(t)$$

gleichzeitig bestimmt werden.

Im nicht-relativistischen Fall ist die kinetische Energie gegeben durch

$$E_{\text{kin}} = \frac{p^2}{2m} . \tag{1.9}$$

Für die Bewegung eines Teilchens in einem äußeren Potential V ist die kinetische Energie nicht erhalten, aber räumlich und zeitlich lokalisiert (am Ort des Teilchens). Die Gesamtenergie ist natürlich eine Erhaltungsgröße,

$$H = E_{\text{kin}} + V(x) = \frac{p^2}{2m} + V(x) . \tag{1.10}$$

Eine weitere, wichtige Größe ist der **Drehimpuls**. Er ist dann erhalten, wenn das vorliegende System bezüglich eines ausgezeichneten Punktes rotations-invariant ist! Der Koordinatenursprung ist dann in diesen ausgezeichneten Punkt zu legen und der Drehimpuls kann so durch das Vektorprodukt

$$l = x \times p \qquad (1.11)$$

definiert werden. Ein Beispiel ist die Planetenbewegung um ein Zentralgestirn (wobei sowohl Planet als auch Zentralgestirn durch Massenpunkte genähert werden). Vernachlässigt man die Masse des Planeten gegenüber der Masse des Zentralgestirns, so ist der Ort des Zentralgestirns der ausgezeichnete Punkt und der Drehimpuls bezüglich dieses Punktes ist erhalten. Freilich geht zugleich die Erhaltung des (linearen) Impulses verloren, weil nun der Koordinatenursprung fixiert und somit die Invarianz gegen Translationen nicht mehr gegeben ist! Die Bahn eines Planeten (oder Satelliten) ist demnach zu charakterisieren durch Gesamtenergie und Drehimpuls, weil diese beiden Größen erhalten sind.[8]

Für einen Satelliten (oder Planeten) der Masse m und Geschwindigkeit v auf einer Kreisbahn mit Radius r ist der Drehimpuls

$$l = mvr \, .$$

Die Bewegung findet in einem Zentralpotential der Form

$$V(r) = -\frac{k}{r} \qquad (1.12)$$

statt. Für die Kreisbahn ist die Zentripedalkraft gegeben durch

$$\frac{mv^2}{r} = \frac{l^2}{mr^3} = \frac{k}{r^2} \, ,$$

und wir erhalten für den Radius

$$r = \frac{l^2}{mk} \, . \qquad (1.13)$$

Der Radius der Bahn ist durch den Drehimpuls eindeutig bestimmt. Die zugehörige Energie bestimmt man aus (1.10) zu[9]

---

[8] Wenn die Masse des Planeten nicht vernachlässigt werden soll, gilt ganz Analoges bezüglich des Systemschwerpunktes; der *Gesamtimpuls* ist dann natürlich erhalten, er bezieht sich aber auf mögliche (lineare) Bewegungen des Gesamtsystems und charakterisiert *nicht* die Planetenbahn.

[9] Wenn Energie und Drehimpuls nicht gemäß (1.14) verknüpft sind, müssen Ellipsenbahnen betrachtet werden.

$$E = \frac{-k}{2r} = \frac{-mk^2}{2l^2} \, . \tag{1.14}$$

Charakteristisch für die Physik der Massenpunkte (oder Teilchen) sind – außer dem Begriff der Bahn – **Stoß** und **Streuung**. Dabei ist wesentlich, dass die Erhaltungsgrößen jeweils am Ort des Teilchens lokalisiert sind (und nicht etwa als Dichteverteilungen vorliegen); wir können die Teilchennatur eines physikalischen Objektes sicherstellen, wenn wir experimentell nachweisen, dass dies der Fall ist. (Freilich sind in der Physik entsprechende Kriterien meist nur notwendig, nicht aber hinreichend.)

1.3 Erster Einbruch in diese Ordnung

Gewöhnlich wird die Plancksche Quantenhypothese (von 1900) an den Beginn der Neuen Physik gesetzt; ich meine aber, dass schon die Entdeckung des Elektrons einen wesentlichen Schritt der Vorbereitung bedeutet. 1897 gilt als Jahr der Entdeckung des Elektrons durch J. J. Thomson.[10] Damit wurde erstmalig klar, dass die Teilbarkeit einer bis dahin kontinuierlich gedachten Größe, der elektrischen Ladung, eine grundsätzliche Grenze hat! Die Ladung des Elektrons, die **elektrische Elementarladung**, ist einerseits endlich (größer als Null), andererseits nicht mehr weiter teilbar.[11] Genau dies hatte aber schon Demokrit von seinen Atomen gefordert! Allerdings in Bezug auf die räumliche Ausdehnung, wobei sich ein grundlegender Widerspruch einstellt: Räumliche Ausdehnung und Teilbarkeit sind geradezu synonym, so dass wir behaupten können, etwas sei *entweder* ausdehnungslos (punktförmig) *oder* teilbar.

---

[10] Wir verkürzen hier die tatsächlichen historischen Vorgänge auf das für uns Wesentliche. Details findet man z. B. in S. Weinberg: Teile des Unteilbaren – Entdeckungen im Atom. Spektr. d. Wiss., Heidelberg (1984); oder in J. Lemmerich: The History of the Discovery of the Electron. In: Proc. 18. Int. Symp. Lepton–Photon Interactions, World Scient. Publ., Singapore (1998) S. 617ff.

[11] Dies gilt für freie Ladungen auch nach der Entdeckung der Quarks; wer will, kann auch ein Drittel der Elektronladung als Elementarladung bezeichnen.

Bei der elektrischen Ladung wird dieser Widerspruch nicht sofort sichtbar; trotzdem können wir symbolisch die Elementarladung als „Atom der elektrischen Ladung" bezeichnen. Denn eine Ladung Q kann nun nicht mehr jeden beliebigen Wert annehmen, sie tritt nur in ganzzahligen Vielfachen der Elementarladung e auf:

$$Q = g \cdot e \qquad (g \dots \text{ganze Zahl}) . \tag{1.15}$$

Im heutigen Sprachgebrauch heißt dies, dass die elektrische Ladung gemäß (1.15) **quantisiert** ist! Weil aber die üblicherweise auftretenden Ladungen so riesige Zahlen g enthalten, ist diese Quantisierung in der Alltagsphysik unmessbar. Die elektrische Elementarladung ist eben entsprechend klein[12] (esu ... elektrostatische Einheiten):

$$|e| = 4,8032068(15) \cdot 10^{-10} \, \text{esu} . \tag{1.16}$$

Nach der Entdeckung des Elektrons stellte sich die Frage nach dem Aufbau des Atoms. Experimentell war sichergestellt, dass Atome im Grundzustand elektrisch neutral und (meist) kugelförmig sind; letzteres ergab sich etwa aus der kinetischen Gastheorie oder der van-der-Waalsschen Zustandsgleichung. Heute wissen wir es auch aus dem Aufbau von Festkörpern. Metalle kristallisieren meist in einer „dichtesten Kugelpackung". Berechnet man die (ungefähre) Größe dieser „Kügelchen" so ergibt sich in allen drei Fällen ein Durchmesser von etwa 10^{-8} cm.

J. J. Thomson entwarf daher ein **Atommodell**, wonach die Atome positiv geladene Kügelchen sind, in denen die negativ geladenen Elektronen stecken. Positive und negative Ladung sollten einander gerade kompensieren, so dass das ganze Atom neutral wäre. Dieses Thomsonsche Modell wird manchmal sehr anschaulich als „Rosinenkuchenmodell" bezeichnet,[13] weil die Elektronen wie Rosinen im (kugelförmigen) positiven Teig stecken.

---

[12] Wenn kein Zitat angegeben ist, sind die Messgrößen entnommen aus „Rev. Part. Phys.", Eur. Phys. J. C3 (1998) 69. Bei genauen Messgrößen mit vielen Dezimalstellen wird der Fehler in Klammern angefügt und bedeutet die Unsicherheit in den letzten angegebenen Stellen, z. B. 0,2579(3)=0,2579± 0,0003.

[13] Englisch: „Plumpudding model", österreichisch daher eher „Gugelhupfmodell".

Max Planck. Geb. 1858 in Kiel, gest. 1947 in Göttingen. Erhielt 1919 den Physik-Nobelpreis des Jahres 1918 „für das Verdienst, das er sich durch die Entdeckung der Elementarquanten um die Entwicklung der Physik erworben hat"

Albert Einstein. Geb. 1879 in Ulm, gest. 1955 in Princeton. Erhielt 1922 den Physik-Nobelpreis des Jahres 1921 „für seine Verdienste um die theoretische Physik, besonders für die Entdeckung des für den photoelektrischen Effekt geltenden Gesetzes". Schuf im Jahre 1905 neben der Lichtquantenhypothese auch die spezielle Relativitätstheorie

Ernest Rutherford. Geb. 1871 in Spring Grove (Neuseeland), gest. 1937 in Cambridge. Erhielt den Chemie-Nobelpreis des Jahres 1908 „für seine Untersuchungen über den Zerfall der Elemente und die Chemie der radioaktiven Stoffe". Entdeckte 1911 den Atomkern (Österreichische Zentralbibliothek für Physik, Wien)

Niels Bohr. Geb. 1885 in Kopenhagen, gest. 1962 in Kopenhagen. Erhielt den Physik-Nobelpreis des Jahres 1922 „für seine Verdienste um die Erforschung der Struktur der Atome und der von den Atomen ausgehenden Strahlung" (Fotografie H. u. H. Jacobsen, Kopenhagen 1957)

Paul Ehrenfest. Geb. 1880 in Wien, gest. 1933 in Leiden (Niederlande).
Bemühte sich um Ausgleich im Konflikt zwischen Einstein und Bohr. Fand
das nach ihm benannte Theorem über den Zusammenhang der Quantenphysik mit den klassischen Gesetzen, siehe S. 117 (Österreichische Zentralbibliothek für Physik, Wien)

Max von Laue. Geb. 1879 in Koblenz, gest. 1960 in Berlin. Erhielt den Physik-Nobelpreis des Jahres 1914 „für seine Entdeckung der Diffraktion der Röntgenstrahlen in Kristallen" (Österreichische Zentralbibliothek für Physik, Wien)

2. Die Quantenhypothese
und die ersten Atommodelle

2.1 Das Plancksche Wirkungsquantum

Im Jahre 1900 fand Max Planck seine Formel für die Energiedichte u der schwarzen Hohlraumstrahlung als Funktion der Wellenlänge (oder Frequenz ω) und der absoluten Temperatur T (wir verwenden die übliche Definition mit der Boltzmannkonstante k: $\beta = 1/(kT)$, c ist die Lichtgeschwindigkeit)

$$u(\omega, T) = \frac{\hbar}{\pi^2 c^3} \left[\frac{\omega^3}{\exp(\beta\hbar\omega - 1)} \right] . \tag{2.1}$$

Diese Strahlungsformel konnte zwar die experimentellen Ergebnisse gut erklären, enthielt aber erstmalig eine Konstante h mit der Dimension einer Wirkung (Energie × Zeit).[1] Planck interpretierte sie als *Quantisierung der Wirkung*; demnach sollte die Wirkung (die klassische Größe der Dimension Energie × Zeit) immer nur in ganzzahligen Vielfachen dieser Grundeinheit auftreten, ganz ähnlich wie dies in (1.15) von der Ladung gefordert ist.[2] Es ist wichtig, zu erkennen, dass damit noch *keine* Quantisierung der Energie verbunden ist! Erst das Produkt von Energie und Zeit, für Strahlung daher der Quotient aus Energie und Frequenz, E/f, nimmt nur Werte an, die einem Vielfachen der Planckschen Konstante h entsprechen.

---

[1] Heute verwendet man üblicherweise die Plancksche Konstante h geteilt durch 2π und hat dafür das Symbol $\hbar$ („h quer") eingeführt, siehe (2.2)–(2.4).

[2] Am 14. Dezember 1900 hielt Max Planck in Berlin einen Vortrag, in dem er seine Entdeckung erstmalig beschrieb; siehe dazu M. Tegmark und J. A. Wheeler: 100 Years of Quantum Mysteries. Scientific American (Feb. 2001), S. 54.

Da die Kreisfrequenz ω die grundlegendere Größe ist (siehe Abschn. 1.1 vor (1.8)), definiert man üblicherweise jene Konstante, die schon in (2.1) verwendet wurde, durch

$$\hbar = \frac{h}{2\pi} \, , \tag{2.2}$$

so dass gilt

$$E = h \cdot f = \hbar\omega \, . \tag{2.3}$$

So wie die elektrische Elementarladung (1.16) ist auch das Plancksche Wirkungsquantum numerisch so klein, dass es in der Physik des Alltags keine Rolle spielt,

$$\hbar = 1, 05457266(63) \cdot 10^{-34} \, \text{Js} \, . \tag{2.4}$$

Das bis dahin Undenkbare war die Verknüpfung von Begriffen der Kontinuumsphysik (f oder ω) mit Begriffen der Teilchenphysik (lokalisierte Energie E), wie sie in (2.3) zum Ausdruck kommt! Dies geht über die Quantisierungsbedingung (1.15) oder (2.3) noch deutlich hinaus! Planck interpretierte dies aber noch vorsichtig als Eigenschaft der Wechselwirkung von Strahlung und Materie; nur die Emission und Absorption von Strahlung sollte demnach gemäß (2.3) erfolgen, weitergehende Konsequenzen wollte er daraus nicht ableiten. Er beschrieb sein Postulat mit den Worten:[3]

„In einer kürzlich veröffentlichten Arbeit über irreversible Strahlungsvorgänge habe ich einen Ausdruck für die Entropie der strahlenden Wärme aufgestellt, welcher allen Anforderungen, die einerseits von der Thermodynamik, andererseits von der elektro-magnetischen Lichttheorie an die Eigenschaften dieser Größe gestellt werden, Genüge leistet."

Erst Albert Einstein wagte im Jahre 1905 den nächsten Schritt.

2.2 Der photoelektrische Effekt und die Photonen

Schon 1887 hatte Heinrich Hertz beobachtet, dass einfallendes Licht aus einer Metalloberfläche Elektronen löst (photoelektrischer Effekt oder Photoeffekt); wird eine Spannung angelegt, so können diese Elektronen

---

[3] M. Planck: Ann. d. Phys. **1** (1900) 719.

an der Anode aufgefangen werden und es fließt ein Strom. Die maximale, kinetische Energie dieser Elektronen kann gemessen werden, wenn die Spannung umgekehrt und verstärkt wird, bis der Strom verschwindet.

Nach der klassischen Wellentheorie des Lichtes sollte die kinetische Energie (zuzüglich Ablöseenergie W) der Intensität des Lichtes proportional sein, also dem Quadrat der Amplitude. Das erstaunliche Ergebnis war aber, dass keine Abhängigkeit von der Intensität, wohl aber von der Frequenz feststellbar war. Quantitativ gilt

$$E_{kin} + W = \hbar\omega \ .$$

Einstein benutzte die Plancksche Beziehung (2.3), um den Photoeffekt zu erklären. Dazu musste er allerdings die Quantennatur dem Licht selbst zuschreiben, er ging also über den Planckschen Ansatz deutlich hinaus. Das Licht selbst (und damit *jede* elektromagnetische Welle) sollte also gemäß (2.3) „quantisiert" sein, zu einer *gegebenen Frequenz* f sollte das Licht nur in Vielfachen von $h \cdot f$, den **Lichtquanten** oder „Photonen", auftreten.[4] Albert Einstein war vorsichtig und sprach dabei lediglich von einem „heuristischen Gesichtspunkt."

Noch deutlicher als die Plancksche Beziehung (2.3) stellt der Photoeffekt eine Verknüpfung von Begriffen der Kontinuumsphysik mit denen der Teilchenphysik her. Die kinetische Energie eines Elektrons ist ideal-typisch die Eigenschaft eines „Massenpunktes" (oder Teilchens). Nun war sie verknüpft mit der Frequenz (oder Wellenlänge) des Lichtes, dessen Intensität dabei keine Rolle spielte. Das „Herausschlagen" der Elektronen aus der Metalloberfläche war daher einem klassischen Stoßprozess viel ähnlicher als der Energieübertragung bei einem Wellenvorgang, der ja durch die Intensität (Amplitude) bestimmt sein sollte.

Hierzu meinte der Physikdidaktiker Roman Sexl[5]:

„Die Theorie der Lichtquanten war ein kühner Schritt. Er bedeutete eine völlige Abwendung von der Wellentheorie des Lichtes, zu der die Physik in jahrhundertelanger Arbeit gelangt war. ...

---

[4] Albert Einstein erhielt den Nobelpreis der Physik des Jahres 1921 „für seine Verdienste um die theoretische Physik, besonders für die Entdeckung des für den photoelektrischen Effekt geltenden Gesetzes."

[5] Roman Sexl: Albert Einstein, wie seine Theorien die Physik auf den Kopf gestellt haben. Bild d. Wissenschaft 3-1979, S. 53.

Die klassische Physik ging von der Vorstellung aus, dass Körper aus einzelnen Atomen (‚diskret') aufgebaut sind, während Licht eine kontinuierliche Welle bildet. Einstein stellte sich die Frage, ob nicht auch Licht aus diskreten Teilchen, den Lichtquanten, bestehen könnte. Dadurch versuchte er eine Asymmetrie aus unserer Naturbeschreibung zu eliminieren."

Tatsächlich war Einsteins Lichtquantenhypothese so kühn, dass sie selbst von Max Planck nicht akzeptiert werden konnte. Noch im Jahre 1913 schrieb er in dem Antrag, Albert Einstein in die Preußische Akademie der Wissenschaften aufzunehmen:

„Dass Einstein in seinen Spekulationen gelegentlich auch einmal über das Ziel hinausgeschossen haben mag, wie zum Beispiel in seiner Lichtquantenhypothese, wird man ihm nicht allzusehr anrechnen dürfen. Denn ohne einmal ein Risiko zu wagen, lässt sich auch in der exaktesten Wissenschaft keine wirkliche Neuerung einführen."

2.3 Die Entdeckung des Atomkerns

Im Jahre 1911 entwarf Ernest Rutherford ein Experiment, das mit einigem Recht als Beginn einer Epoche der Physik bezeichnet wird; er beobachtete α-Teilchen beim Durchdringen einer Goldfolie und maß die Häufigkeit der auftretenden Streuwinkel. (**Streuexperimente** sind seither die wichtigste Experimentiermethode, um Aufschluß über die Objekte des Mikrokosmos zu erhalten, die ja nicht direkt zugänglich sind.) Um aus den gewonnenen Daten Rückschlüsse über die beteiligten Objekte ziehen zu können, definierte Rutherford den **Streuquerschnitt** oder **Wirkungsquerschnitt** $\sigma(E)$ für Streuprozesse (E sei die Energie des einfallenden Teilchens),

$$\sigma(E) = \frac{\text{Anzahl der pro Sekunde gestreuten Teilchen}}{\text{Anzahl der pro Sekunde und cm}^2 \text{ einfallenden Teilchen}} .$$

Der Wirkungsquerschnitt stellt für Streuprozesse jene Verbindung zwischen Theorie und Experiment dar, die auf allen Gebieten der Physik gefunden werden muss! Er ist einerseits experimentell direkt messbar, andererseits aus theoretischen Modellvorstellungen zu berechnen, so dass eine Überprüfung dieser Vorstellungen möglich ist.

Der so definierte Wirkungsquerschnitt wird genauer „totaler Wirkungsquerschnitt" genannt, denn er berücksichtigt die Gesamtzahl aller gestreuten Teilchen, unabhängig von der Größe ihres Streuwinkels. Was aber Rutherford gemessen hat, weil es für die Untersuchung der Streuobjekte noch viel aufschlussreicher ist, war der so genannte „differentielle Wirkungsquerschnitt" $d\sigma(E, \theta)/d\Omega$, wobei θ der Ablenkwinkel („Streuwinkel") und Ω der Raumwinkel ist (für kugelsymmetrische Objekte ist $d\Omega = 2\pi \cdot \sin \theta \cdot d\theta$). Es gilt

$$\sigma(E) = \int d\Omega \cdot \frac{d\sigma(E, \theta)}{d\Omega} = \int\limits_{0}^{2\pi} d\varphi \int\limits_{0}^{\pi} \sin \theta d\theta \cdot \frac{d\sigma(E, \theta)}{d\Omega} , \qquad (2.5)$$

wenn φ der Azimuthwinkel ist.[6] Für kugelsymmetrische Objekte gilt dann einfacher

$$\sigma(E) = 2\pi \int\limits_{0}^{\pi} \sin \theta d\theta \cdot \frac{d\sigma(E, \theta)}{d\Omega} . \qquad (2.6)$$

Der differentielle Wirkungsquerschnitt misst die Anzahl der Teilchen, die pro einfallendem Teilchen in ein Raumwinkelelement $d\Omega$ um die Richtung (φ, θ) gestreut werden. (Für kugelsymmetrische Objekte kann wieder über φ integriert werden, weil nur die Richtung θ relevant ist.)

Aus dem differentiellen Wirkungsquerschnitt kann die Größe eines Objektes abgeschätzt werden, da ein Zusammenhang mit dem „klassischen Impaktparameter" besteht; dies ist der Normalabstand der Bahn des einfallenden Teilchens von der Symmetrieachse durch das Streuzentrum („Targetteilchen"), siehe Abb. 2.1.

Da die zur Streuung führenden Kräfte im Allgemeinen entfernungsabhängig sind, ändert sich mit dem Impaktparameter b auch der Streuwinkel θ. Wir können daher den Impaktparameter als Funktion des Streuwinkels betrachten, also $b = b(\theta)$. Wie wir der Abb. 2.1 entnehmen können, entspricht ein Impaktparameterintervall $(b - db, b)$ gerade einem Kreisring im Wirkungsquerschnitt

$$d\sigma = 2\pi b \cdot db .$$

Differenzieren wir nach $\cos \theta$, so erhalten wir

---

[6] Wir beschränken uns auf kugelsymmetrische Streuzentren, für die es keine Abhängigkeit vom Azimuthwinkel φ gibt.

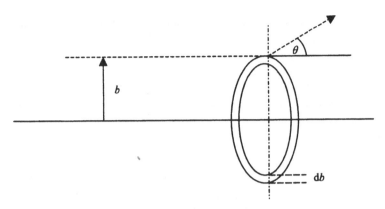

Abb. 2.1. Klassischer Impaktparameter und differentieller Wirkungsquerschnitt

$$\frac{d\sigma}{d(\cos\theta)} = 2\pi b \frac{db}{d(\cos\theta)} = -\frac{2\pi b}{\sin\theta} \cdot \frac{db}{d\theta}$$

oder, für kugelsymmetrische Objekte (Division durch 2π),

$$\frac{d\sigma}{d\Omega} = -\frac{b}{\sin\theta} \cdot \frac{db}{d\theta} \,. \tag{2.7}$$

Ist der Streuwinkel als Funktion des Impaktparameters (und damit seine Umkehrfunktion) bekannt, so kann der differentielle Wirkungsquerschnitt gemäß (2.7) berechnet werden. All dies beruht freilich auf dem klassischen Teilchenbild, entstammt also der Physik der (diskreten) Massenpunkte.

Für ein Coulombpotential der Form[7]

$$V(r) = \frac{Q_1 Q_2}{r} \tag{2.8}$$

und ein Projektilteilchen der Energie E ergibt sich die Beziehung (siehe Anhang A.1)

$$b = \frac{Q_1 Q_2}{2E} \cdot \cot\frac{\theta}{2} = \frac{Q_1 Q_2}{2E} \cdot \frac{1 + \cos\theta}{\sqrt{1 - \cos^2\theta}} \tag{2.9}$$

und nach (2.7) der **Rutherfordsche Wirkungsquerschnitt**

---

[7] Wir verwenden Gaußsche Einheiten, um die unphysikalischen Vakuumskonstanten ε_0 und μ_0 zu eliminieren.

$$\frac{d\sigma}{d\Omega} = \frac{(Q_1 Q_2)^2}{16E^2 \cdot \sin^4(\theta/2)}. \qquad (2.10)$$

Nach der klassischen Teilchenvorstellung auf Grund des Thomsonschen Atommodells sollte ein α-Teilchen beim Durchdringen der Goldfolie entweder zwischen den Atomkügelchen durchfliegen oder sie durchdringen. Im ersten Falle wäre der klassische Impaktparameter relativ groß, im zweiten Fall würde das α-Teilchen nur einen Bruchteil der positiven Ladung „spüren", in beiden Fällen wären nur relativ kleine Streuwinkel zu erwarten.

Zur größten Überraschung Rutherfords gab es nicht nur viele Ereignisse mit großen Streuwinkeln, einige α-Teilchen wurden sogar zurückgestreut (also mit Streuwinkeln größer als 90°!). Rutherford schloß daraus, dass die positive Ladung der Atome in einem winzig kleinen „Kern" vereint sein müsse, da auch α-Teilchen mit sehr kleinem klassischen Impaktparameter, die also sehr nahe an das Streuzentrum herankommen, noch die gesamte Ladung „spüren" mussten.[8]

Durch diese **Entdeckung des Atomkerns** war einerseits ein wichtiger Schritt zum Verständnis des Aufbaus der Materie getan, andererseits aber die Atomvorstellung in eine tiefe Krise gestürzt. Während das Thomsonsche „Rosinenkuchenmodell" noch diskrete Aspekte (die „punktförmigen" Elektronen) mit kontinuierlichen (der positive Atomkörper) vereinte, war nun der Kontinuumsaspekt verlorengegangen; die kontinuierliche Erfüllung des Atoms durch die positive Ladung musste ersetzt werden durch den Atomkern, der nach damaligen Möglichkeiten durchaus ebenfalls „punktförmig" angesehen werden musste! Damit war es aber unmöglich, ein statisches Modell des Atoms beizubehalten. Rutherford sah sich gezwungen, sich das Atom ähnlich einem kleinen Planetensystem vorzustellen, wobei die (leichten) Elektronen auf Bahnen um den schweren Atomkern kreisten; lediglich die Gravitationskraft des Planetensystems war durch die elektrostatische Anziehung im Atom zu ersetzen. Freilich war sofort klar, dass eine derartige Vorstellung völlig unsinnig sein musste (und es bis heute ist!), weil sie weder die **Symmetrie** noch die **Stabilität** und auch nicht das **Spektrum** der Atome erklären konnte! Jede weitere Modellvorstellung musste daran

---

[8] Diese Schlüsse bleiben auch dann richtig, wenn die später zu entwickelnde, quantenmechanische Beschreibung zu Grunde gelegt wird; (2.10) bleibt dabei unverändert!

gemessen werden, ob sie diese drei fundamentalen Eigenschaften der Atome richtig wiedergab!

Ehe wir uns weiteren Versuchen solcher Modellvorstellungen widmen, wollen wir die (damals schon bekannten) Eigenschaften der Atomspektren an Hand des einfachsten Atoms (des Wasserstoffatoms) in Erinnerung rufen.

2.4 Das Spektrum des Wasserstoffatoms

Am Ende des 19. Jahrhunderts war bekannt, dass Gase, die zur Lichtemission veranlasst werden (z. B. in Entladungsröhren), ein so genanntes **Linienspektrum** emittieren; das heißt, dass nur bestimmte, diskrete Wellenlängen auftreten. 1884 fand Balmer[9] eine empirische Formel, die einige der auftretenden Wellenlängen richtig wiedergab. Rydberg[10] und Ritz[11] konnten diese Formel verallgemeinern und damit das gesamte Spektrum beschreiben. Für Wasserstoff lautet diese empirische Formel

$$\frac{1}{\lambda_{mn}} = \text{const.} \left(\frac{1}{n^2} - \frac{1}{m^2} \right) ,$$

wobei λ_{mn} die beobachteten Wellenlängen des Linienspektrums bezeichnet. Es muss gelten $m > n$ und für jedes m gibt es eine (unendliche) „Serie" von Linien im Spektrum. Die wichtigsten Serien des Wasserstoffspektrums und ihre Namen sind Tabelle 2.1 zu entnehmen. Mit Hilfe von (1.8) und (2.3) können wir die Wellenlänge durch ihre zugehörige Energie ausdrücken und erhalten die **Rydbergformel**

$$E_{mn} = \hbar\omega_{mn} = R_y \left(\frac{1}{n^2} - \frac{1}{m^2} \right) . \tag{2.11}$$

R_y ist eine rein empirische Konstante, deren heutiger Bestwert

$$R_y = 13,6056981(40)\,\text{eV} \tag{2.12}$$

---

[9] Johann Balmer (1825–1898) war Volksschullehrer in der Schweiz und Privatdozent für Darstellende Geometrie.

[10] Johannes Rydberg (1854–1919), Professor an der Universität Lund, Schweden.

[11] Walther Ritz (1878–1909), schweizer Mathematiker, entwickelte 1908 ein Kombinationsprinzip zur Systematik der Spektrallinien.

Tabelle 2.1. Die Serien des Wasserstoffspektrums

n	m	Serie	Frequenzbereich
1	$2, 3, \ldots$	Lyman	ultraviolett
2	$3, 4, \ldots$	Balmer	sichtbar
3	$4, 5, \ldots$	Paschen	infrarot
4	$5, 6, \ldots$	Brackett	infrarot
5	$6, 7, \ldots$	Pfund	infrarot

beträgt. Da die Energie des ausgestrahlten Lichtes (Photons) der Energiedifferenz des Wasserstoffatoms vor und nach der Emission entsprechen muss, können wir aus (2.11) schließen, dass ein Wasserstoffatom nur die Energieniveaus

$$E_n = -R_y \frac{1}{n^2} \tag{2.13}$$

annehmen kann. Der negative Wert von E_n entspricht der Konvention, Potentiale im Unendlichen auf 0 zu normieren, falls dies möglich ist[12] (siehe (1.10) und (1.12)), gebundenen Zuständen entsprechen dann negative Energien (dies gilt freilich nur im nicht-relativistischen Fall![13]). Der Grundzustand des Wasserstoffatoms wird bei $n = 1$ erreicht, so dass die Rydbergenergie (2.12) – dem Betrage nach – die Energie des Grundzustandes und daher die Ionisationsenergie des Wasserstoffatoms darstellt.

2.5 Das Bohrsche Atommodell

Um die Schwierigkeiten in seinem Atommodell zu beheben, beauftragte Rutherford einen jungen, vielversprechenden Assistenten, sich Verbesserungen zu überlegen. Es war **Niels Bohr**, der daraufhin als Ad-hoc-

---

[12] Wir werden später das Potential des harmonischen Oszillators benutzen, das wegen seiner Parabelform diese Forderung nicht erfüllen kann.

[13] Die relativistische Energie enthält immer auch die Ruhenergie $E_0 = mc^2$ und ist daher immer positiv.

Hypothese einfach versuchte, grundlegende Gedanken der Quantenphysik seit Max Planck und Albert Einstein auf das Rutherfordsche Atommodell zu übertragen. Die neue fundamentale Naturkonstante Plancks hatte die Dimension einer Wirkung und demgemäß hatte Planck seine Beziehung (2.3) formulieren können.

Niels Bohr machte einen analogen Ansatz, indem er die Tatsache ausnutzte, dass auch der Drehimpuls l dieselbe Dimension einer Wirkung aufweist. Er setzte einfach

$$l = \hbar \cdot n \tag{2.14}$$

und verknüpfte diese „Quantenbedingung" mit (1.13) und (1.14) für die Kreisbahn in einem Zentralpotential. Da es sich beim Wasserstoffatom um das Coulombpotential handelt, müssen wir in diesen Gleichungen k durch e^2 ersetzen und erhalten

$$r = \frac{\hbar^2 n^2}{m e^2}, \tag{2.15a}$$

$$E_n = -\frac{m e^4}{2 \hbar^2 n^2}. \tag{2.15b}$$

Ein Vergleich mit (2.13) ergibt sofort eine Verknüpfung der bis dahin rein empirischen Rydbergkonstante mit fundamentalen Naturkonstanten,

$$R_y = \frac{m e^4}{2 \hbar^2}. \tag{2.16}$$

Einerseits stellt dies einen jener großen Schritte in der Entwicklung der Physik dar, indem empirisch bestimmte, phänomenologische Parameter auf einer tieferen Ebene auf fundamentalere Größen zurückgeführt werden. Andererseits war das Modell eines Planetensystems für das Atom zu absurd, um als endgültig betrachtet zu werden. Dieses Bohrsche Atommodell konnte ja nicht einmal die Kugelsymmetrie des Wasserstoffatoms im Grundzustand erklären – später stellte sich heraus, dass auch der Ansatz (2.14) falsch war.[14]

Nach (2.15a, b) gilt für den Grundzustand $n = 1$, das Wasserstoffatom hätte also im Grundzustand einen Drehimpuls der Größe $\hbar$; tatsächlich ist aber der Drehimpuls im Grundzustand gleich Null! *Das*

---

[14] Wir wissen heute, dass der richtige Ansatz lautet $l = \hbar\sqrt{n(n+1)}$ mit $n = 0, 1, 2, \ldots$, siehe Anhang A.4.

Bohrsche Atommodell widerspricht also auch hinsichtlich seiner quantitativen Voraussagen dem Experiment!

Freilich war man nun in einem Dilemma: Der Erfolg der Beziehung (2.16) deutete auf eine richtige Spur, ohne dass alle anderen Probleme beseitigt werden konnten. Es kann nicht genug betont werden, dass das in diesem Modell auch heute noch so ist; das Bohrsche Atommodell hat daher lediglich **historische Bedeutung**, es beschreibt in keiner Weise die tatsächliche Physik des Atoms![15]

Zur damaligen Zeit war das offensichtlichste Problem aber der klare Widerspruch zur klassischen Elektrodynamik. Ein Elektron auf einer Kreisbahn ist eine beschleunigte Ladung und muss daher nach den Maxwellschen Gleichungen elektromagnetische Energie abstrahlen. Durch diesen beständigen Energieverlust müsste das Elektron in kürzester Zeit in den Kern stürzen!

Niels Bohr behalf sich in dieser Lage mit einer Ad-hoc-Hypothese. Er *postulierte* einfach, dass für Kreisbahnen mit den Radien aus (2.15a) die klassischen Gesetze der Elektrodynamik außer Kraft gesetzt sind und dass es andere Radien nicht geben darf. Wir können somit die Leistung des Bohrschen Atommodells in Hinblick auf die drei Kriterien vom Ende des Abschn. 2.3 so charakterisieren:

1. Symmetrie: nicht erklärt
2. Stabilität: ad hoc postuliert
3. Spektrum: erklärt und auf Fundamentalkonstanten reduziert

2.6 Die Heisenbergsche Unschärferelation

Albert Einstein hatte im Jahre 1905 mit der speziellen Relativitätstheorie das physikalische Denken auf eine neue Grundlage gestellt: Weil – so postulierte er – Gleichzeitigkeit von Ereignissen in relativ zueinander bewegten Bezugssystemen *grundsätzlich* nicht feststellbar ist, darf es in der Konstruktion der Physik (im physikalischen Modell) keine absolute Zeit geben. Damit war ein Gedanke formuliert, der die Physik des 20. Jahrhunderts prägen sollte: Wenn gezeigt werden kann, dass eine Grö-

---

[15] Meines Erachtens nach muss dies im Schulunterricht sehr deutlich dargestellt werden! Wenn Atomphysik über das Bohrsche Modell hinaus nicht gelehrt werden kann, dann ist es wohl besser, auch dieses wegzulassen!

ße *grundsätzlich* nicht messbar ist, dann ist sie aus der physikalischen Konstruktion zu eliminieren![16]
Werner Heisenberg übertrug diese Forderung auf die Frage nach der Existenz Bohrscher Bahnen im Atom. Wenn im Bohrschen Atommodell Elektronen auf Kreisbahnen um den Kern fliegen, dann müssen diese Kreisbahnen wenigstens grundsätzlich (z. B. durch ein Gedankenexperiment) beobachtbar sein. Jede Beobachtung erfordert aber ein Medium, das Objekt und Beobachtung verbindet; Licht erscheint dazu am geeignetsten. Lassen wir Werner Heisenberg seine Überlegungen, die schließlich zur Unschärferelation geführt haben, in seinen eigenen Worten schildern:[17]

„Die Wellenlänge und Frequenz des auf das Elektron fallenden Lichtes sei λ bzw. v. Die Genauigkeit der Ortsmessung in der x-Richtung (siehe Abb. 2.2) beträgt dann nach den Gesetzen der Optik

$$\Delta x \approx \frac{\lambda}{\sin \varepsilon} \, .$$

Zur Ortsmessung muss mindestens ein Lichtquant am Elektron gestreut werden und durch das Mikroskop ins Auge des Beobachters gelangen; durch dieses eine Lichtquant erhält das Elektron einen Comptonrückstoß der Größenordnung hv/c. Der Rückstoß ist nicht genau bekannt, da die Richtung des Lichtquants innerhalb des Strahlenbündels (vom Öffnungswinkel ε) unbekannt ist. Also gilt für die Unsicherheit des Rückstoßes in der x-Richtung

$$\Delta p_x = \sin \varepsilon \frac{hv}{c}$$

und es folgt für die Kenntnis der Elektronenbewegung nach dem Experiment

$$\Delta p_x \cdot \Delta x \approx h \, .$$

Gegen diese Herleitung lassen sich zunächst noch Einwände erheben: Die Unbestimmtheit des Rückstoßes hat ja darin seinen Grund, dass es unbe-

---

[16] Das darf nicht mit dem „philosophischen Positivismus" verwechselt werden! Es verlangt lediglich die innere Konsistenz der physikalischen Konstruktion. Der Messung nicht (direkt) zugängliche *Hilfsgrößen* werden selbstverständlich zugelassen, nur *Messgrößen* müssen eben tatsächlich auch messbar sein.

[17] Werner Heisenberg: Physikalische Prinzipien der Quantentheorie. Hirzel, Leipzig (1930) 2. Auflage (1941) S. 16.

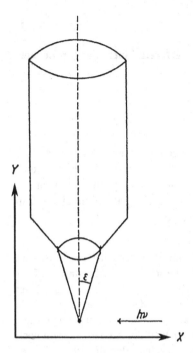

Abb. 2.2. (nach Heisenberg, Fußnote 14):

kannt ist, welchen Weg innerhalb des Strahlenbündels das Lichtquant zu-
rücklegt. Man könnte also versuchen, diesen Weg dadurch festzulegen, dass
man das ganze Mikroskop beweglich anordnet und den Rückstoß misst, den
das Mikroskop vom Lichtquant erhält. Dies wird jedoch nichts zur Umge-
hung der Unbestimmtheitsrelationen helfen; ...“

Wir wissen heute,[18] dass die grundsätzlich kleinste erreichbare Unbestimmtheit gegeben ist durch die Relation

$$\Delta p_x \cdot \Delta x \geq \frac{\hbar}{2}$$

oder – da verschiedene Raumrichtungen einander nicht beeinflussen –
für alle drei Richtungen x_l mit $l = 1, 2, 3$

---

[18] Wir werden uns später noch genauer damit beschäftigen, siehe (4.32)
und den folgenden Text.

$$\Delta p_l \cdot \Delta x_k \geq \frac{\hbar}{2} \cdot \delta_{lk} \; . \tag{2.17}$$

Dies sind die Heisenbergschen **Unschärferelationen**; das **Kronecker-symbol** δ_{lk} ist definiert durch

$$\delta_{lk} = \begin{cases} 1 & l = k \\ & \text{für} \\ 0 & l \neq k \end{cases} .$$

Für größenordnungsmäßige Betrachtungen spielt der Faktor $1/2$ auf der rechten Seite von (2.17) freilich keine Rolle; er bestimmt das minimale Unbestimmtheitsprodukt, wenn die Unschärfen Δp und Δx nach der üblichen Regel der Wahrscheinlichkeitsrechnung als „Wurzel aus dem quadratischen Mittelwert" definiert werden.

Werner Heisenberg meinte dazu:[19]

„Die Welt der aus der täglichen Erfahrung stammenden Begriffe ist zum ersten Mal verlassen worden in der Einsteinschen Relativitätstheorie. Dort stellte sich heraus, dass man die gewöhnlichen Begriffe nur anwenden kann auf Vorgänge, in denen die Geschwindigkeit der Lichtfortpflanzung als praktisch unendlich angesehen werden kann. ... Wie aus dem Gesagten hervorgeht, zwingen die Erfahrungen aus der Welt der Atome zu einem noch viel weitergehenden Verzicht auf bisher gewohnte Begriffe. In der Tat beruht unsere gewöhnliche Naturbeschreibung und insbesondere der Gedanke einer strengen Gesetzmäßigkeit in den Vorgängen der Natur auf der Annahme, dass es möglich sei, Phänomene zu beobachten, ohne sie merklich zu beeinflussen."

Nach (2.14) gilt für den Grundzustand ($n = 1$) $p \cdot r = \hbar$. Daher liegen die Unschärfen von Ort und Impuls bestenfalls in der gleichen Größenordnung wie die Werte selbst, Ort und Impuls sind daher völlig unbestimmbar und von einer Bahn des Elektrons im Atom kann nicht sinnvoll gesprochen werden! Im Atom darf daher nach dem eingangs beschriebenen Prinzip einem Elektron keine Bahn zugeordnet werden![20]

---

[19] Werner Heisenberg, a. a. O., S. 47f.

[20] Dies schien zunächst im Widerspruch zu der bekannten Tatsache, dass sich (freie!) Elektronen sehr wohl auf definierten Bahnen bewegen, wie z. B. in der Brownschen Röhre. Nach einer Anekdote soll Heisenberg dem mit folgendem Bild entgegnet haben: Wenn jemand vor einem Hallenbad steht und dort beobachtet, dass Leute bekleidet ein- und ausge-

2.7 Versuch eines Kontinuummodells für das Atom

Wenn sich Elektronen im Atom nicht auf Bahnen bewegen, dann können wir den Gedanken zu Ende führen und uns sozusagen ein „inverses Thomsonmodell" konstruieren; dabei wäre der *positive Kern* – dem Experiment folgend – als (punktförmiges) Zentrum angenommen und die Elektronen wären der „Teig", der sich kugelförmig um diesen Kern legt. Im Wasserstoffatom ist dann das einzige Elektron als dieser sphärisch symmetrisch angeordnete „Teig" vorzustellen.[21]

Ein solches Modell widerspricht freilich unserer gewohnten Vorstellung vom Elektron als „Teilchen", wird aber möglich, weil wir ja auf den Bahnbegriff der Punktmechanik verzichten müssen (siehe Fußnote 20).

Stellen wir uns – als Gedankenexperiment – vor, wir hätten ein Elektron als „kugelsymmetrischen Teig" um ein Proton vor uns, aber viel größer als ein Wasserstoffatom. Wir wollen nun in Gedanken versuchen, dieses Elektron – immer unter Beachtung der Kugelsymmetrie – zu verkleinern. Da die Unbestimmtheit einer Größe immer kleiner (oder höchstens gleich) der Größe selbst bleiben muss, wird sich die Impulsunschärfe – und damit der Impuls selbst – mit abnehmendem Radius stets vergrößern. Damit vergrößert sich aber auch die Energie dieses Zustandes, und zwar als Folge der Unschärferelation (2.17); solange wir noch weit entfernt sind von den Auswirkungen der Unschärferelation, nimmt die (potentielle) Energie des Zustandes zunächst mit kleiner werdendem Radius ab. Es wird sich also bei einem bestimmten Radius ein Energieminimum einstellen, das einem stabilen Grundzustand entspricht, dieses Minimum wollen wir nun – größenordnungsmäßig – bestimmen:

Nach (1.10) ist die Energie unseres am Proton gebundenen Elektrons[22]

$$H = \frac{p^2}{2m} - \frac{e^2}{r} . \qquad (2.18)$$

---

hen, dürfe er daraus nicht schließen, dass sie drinnen mit dem Gewand ins Bad steigen!

[21] Ich spreche manchmal auch vom „Kirschenmodell" des Atoms, in dem sich die Elektronen wie das Fruchtfleisch um den Kirschkern anordnen.

[22] p sei der Betrag des Impulsvektors.

Zum Zwecke einer größenordnungsmäßigen Abschätzung ersetzen wir die Unschärfen durch die Größen selbst und setzen[23] $p \cdot r = \hbar$. Damit erhalten wir

$$H = \frac{\hbar^2}{2mr^2} - \frac{e^2}{r} = \frac{\hbar^2}{2m} \left(\frac{1}{r^2} - \frac{2me^2}{\hbar^2 r} \right)$$

$$= \frac{\hbar^2}{2m} \left[\left(\frac{1}{r} - \frac{me^2}{\hbar^2} \right)^2 - \frac{m^2 e^4}{\hbar^4} \right] .$$

(2.19)

Da nun die eckige Klammer zwei quadratische (und daher nicht negative) Terme unterschiedlichen Vorzeichens enthält, ergibt sich das Energieminimum, wenn der erste Term verschwindet, und wir erhalten Radius und Energie des Wasserstoffatoms im Grundzustand:[24]

$$r_1 = \frac{\hbar^2}{me^2} ,$$

(2.20a)

$$H_1 = -\frac{me^4}{2\hbar^2} .$$

(2.20b)

In unserem Modell gilt also, dass das Elektron im Grundzustand des Wasserstoffatoms die kleinste Kugel annimmt, die von der Unschärferelation zugelassen wird!

Wir wollen nun versuchen, das Elektron in unserem „Kirschenmodell" durch seine **Dichteverteilung** zu beschreiben. Dazu erinnern wir uns, dass der Grundzustand stabil und kugelsymmetrisch sein soll, die Dichtefunktion ϱ wird also nur vom Radius r abhängen, d. h. $\varrho = \varrho(r)$. Die gesamte Ladung dieser Verteilung ist die Elementarladung e; um die Dichtefunktion dimensionslos zu belassen, heben wir die Elementarladung explizit heraus[25] und schreiben[26]

---

[23] Genau genommen gilt (2.17) nur für kartesische Koordinaten, für unsere Abschätzung ist dieser Ansatz jedoch erlaubt.

[24] Dass sich die beiden Größen hier mit ihren exakten Werten ergeben, ist purer Zufall und bei unserer Abschätzung für das Verständnis leider eher störend!

[25] Damit erscheint auch die Ladungsverteilung des negativen Elektrons als positive Größe, da $e < 0$!

[26] Wir verwenden die in der Physik übliche Schreibweise, wonach Integrale ohne Angabe der Grenzen immer von $-\infty$ bis $+\infty$ zu verstehen sind; auch schreiben wir keine mehrfachen Integralzeichen beim Integral über das ganze Volumen $d^3 x$.

$$e \cdot \int d^3x \varrho(r) = e$$

oder

$$\int d^3x \varrho(r) = 4\pi \int\limits_0^\infty r^2 dr \varrho(r) = 1 . \tag{2.21}$$

Dies ist die später sehr wichtige **Normierungsbedingung**.

Als Dichtefunktion ist ϱ nicht negativ, also $\varrho \geq 0$. Wir wollen dies explizit machen, indem wir eine neue Funktion ψ definieren durch[27]

$$\varrho(r) = |\psi(r)|^2 . \tag{2.22}$$

Was haben wir nun erreicht? Wir können wieder nach den drei Kriterien vom Ende des Abschn. 2.5 fragen und erhalten folgendes Ergebnis:

1. Symmetrie: beschrieben
2. Stabilität: beschrieben
3. Spektrum: nicht erklärt

Wir sehen also, dass unser „Kirschenmodell" gewissermaßen komplementäre Ergebnisse zum Bohrschen Atommodell liefert; zwar haben wir uns bisher nur mit dem Grundzustand befaßt, aber eine Erweiterung auf höhere Energiezustände ist formal ganz einfach, wenn wir ansetzen[28]

$$\varrho_n(x) = |\psi_n(x)|^2 . \tag{2.23}$$

Wir haben nun zwei Modelle des Atomes, die unvereinbar sind, die aber doch zusammen alle drei Kriterien für eine brauchbare Beschreibung des Atomes erfüllen. Wegen ihrer Unvereinbarkeit ist es leider nicht möglich, sie im Sinne eines einfachen „Sowohl-als-Auch" nebeneinander stehen zu lassen! (Im Bohrschen Modell ist das Elektron ein (diskretes) Teilchen, im „Kirschenmodell" ein das Atomvolumen erfüllendes Kontinuum.) Wollen wir die Möglichkeit, alle drei Kriterien zu erfüllen, trotzdem nutzen, dann müssen wir eine formale Verbindung

---

[27] Dass wir ψ komplex annehmen, ist hier nur der Allgemeinheit wegen begründbar, ist aber ein wesentliches Merkmal der Quantenmechanik.

[28] Für höhere Energiezustände dürfen wir keine Kugelsymmetrie mehr voraussetzen!

suchen, denn inhaltlich (vorstellungs- und modellmäßig) ist eine Verknüpfung ausgeschlossen.

Eine brauchbare, formale Verbindung kann nur die Mathematik liefern und wir lassen daher vorübergehend alle Versuche, ein anschauliches Modell zu finden, beiseite und wenden uns an die Mathematik, um Möglichkeiten einer Verbindung zu suchen.

3. Eine Frage an die Mathematik

3.1 Problemstellung

Das Bohrsche Atommodell lieferte die richtigen Energiewerte E_n für das Wasserstoffatom, siehe (2.15b); das „Kirschenmodell" erlaubte eine befriedigende Beschreibung der Symmetrie(der „Formen") der entsprechenden Zustände durch die Funktionen ψ_n, (2.23). Die beiden Modelle sind anschaulich nicht vereinbar. Wenn es uns aber gelingt, einen formalen Zusammenhang zwischen den E_n und den ψ_n herzustellen, können wir versuchen, eine übergreifende Interpretation zu finden. Wir suchen daher eine formale Verknüpfung von Zahlen mit Funktionen, mit der sich eine eindeutige[1] Zuordnung der E_n zu den ψ_n herstellen lässt. Eine solche Zuordnung sollte zunächst die Mathematik liefern, die Physik kann erst im Nachhinein nach der Interpretation befragt werden.

Allgemein formuliert lautet also unsere Frage an die Mathematik: Gibt es einen Formalismus, der eine Menge von Zahlen $\{\omega_n\}$ mit einer Menge von Funktionen $\{u_n\}$ so verknüpft, dass wir die beiden Atommodelle dadurch verbinden können?[2]

Die Antwort ist „Ja!", es ist die Theorie der Eigenwertprobleme. Erwin Schrödinger hat dies entdeckt[3] und wurde dafür mit dem Nobelpreis[4] ausgezeichnet.

---

[1] Wir fordern, dass es zu jedem ψ_n genau ein E_n gibt; die Umkehrung kann, muss aber nicht gelten.

[2] Jede Funktion kann dies leisten, wir suchen aber gerade jenen speziellen Formalismus, der die Lösung unseres physikalischen Problems des Atomes gestattet!

[3] Erwin Schrödinger: Quantisierung als Eigenwertproblem I–IV. Ann. d. Phys. (4) **79** (1926) 361, 489; **80** (1926) 437; **81** (1926) 109.

[4] 1933 gemeinsam mit P. A. M. Dirac „für die Entdeckung neuer fruchtbarer Formen der Atomtheorie".

Ehe wir uns aber direkt den Eigenwertproblemen zuwenden, müssen wir uns noch ein wenig mit dem Begriff des „Operators" beschäftigen.

3.2 Operatoren

Wir wollen immer nur so weit in die Mathematik eindringen, als es für das Verständnis der Physik der Quantenmechanik unbedingt erforderlich ist! Operatoren können allgemein abstrakt definiert werden, die für uns wichtigen konkreten Beispiele sind Differential- und Matrixoperatoren.

Unter einem Operator verstehen wir ein mathematisches Objekt, das durch seine Anwendung auf eine gegebene Menge anderer Objekte, die Definitionsmenge (z. B. Funktionen bei Differentialoperatoren, Vektoren bei Matrixoperatoren), definiert ist. Aus der klassischen Physik ist der „Nabla-Operator" bekannt, wir haben ihn schon in (1.4) eingeführt; er kann auf skalare Größen S oder auf Vektoren V angewandt werden:

$$\nabla S = \operatorname{grad} S \, ,$$

$$\nabla V = \operatorname{div} V \, .$$

Wir können aber auch jede einfache Ableitung als Differentialoperator schreiben:

$$\frac{\mathrm{d}}{\mathrm{d}x} f(x) = \frac{\mathrm{d}f}{\mathrm{d}x} = f'(x) \, .$$

Im Allgemeinen wird die Anwendung eines Operators auf eine Funktion aus der Definitionsmenge zu einer anderen Funktion dieser Menge führen, z. B.

$$\frac{\mathrm{d}}{\mathrm{d}x} \sin(kx) = k \cdot \cos(kx) \, ,$$

$$\frac{\mathrm{d}}{\mathrm{d}x} \cos(kx) = -k \cdot \sin(kx) \, .$$

Lassen wir in der Definitionsmenge auch komplexe Funktionen zu, dann gibt es in unserem Beispiel auch den Fall, dass die Anwendung des Operators die Funktion mit einem Faktor repliziert:

$$\frac{\mathrm{d}}{\mathrm{d}x} \mathrm{e}^{\mathrm{i}kx} = \mathrm{i}k \cdot \mathrm{e}^{\mathrm{i}kx}$$

oder, wenn der Faktor reell sein soll,

$$-i \frac{d}{dx} e^{ikx} = k \cdot e^{ikx} \, .$$

Wegen der Normierungsbedingung (2.21) und (2.23) müssen die für uns brauchbaren Funktionen quadratisch integrabel sein. (Dies ist im obigen Beispiel nicht der Fall![5]) In der Physik sind daher **lineare Operatoren**, definiert auf der Menge der **quadratisch integrablen Funktionen** besonders wichtig. Für lineare Operatoren Ω gilt

$$c_1 \cdot \Omega\varphi + c_2 \cdot \Omega\psi = \Omega(c_1 \cdot \varphi + c_2 \cdot \psi) \, , \tag{3.1}$$

wenn c_1 und c_2 komplexe Zahlen, φ und ψ Elemente der Definitionsmenge sind.

3.3 Eigenwertprobleme

Funktionen, die bei Anwendung eines Operators bis auf einen Faktor reproduziert werden, spielen eine wichtige Rolle für unser Problem. Sie heißen **Eigenfunktionen** des Operators und genügen der **Eigenwertgleichung**

$$\Omega u_n(x) = \omega_n \cdot u_n(x) \, . \tag{3.2}$$

ω_n sind die **Eigenwerte** des Operators zu den Eigenfunktionen u_n. Damit haben wir unsere Frage nach einer Verbindung der Menge von Zahlen ω_n mit der zugehörigen Menge von Funktionen u_n *formal* beantwortet. Die Frage nach der physikalischen Bedeutung ist freilich noch offen![6]

Da wir die Eigenwerte ω_n später mit physikalischen Messgrößen identifizieren werden, beschränken wir uns im Folgenden auf Operatoren, deren Eigenwerte reell sind. (Die Eigenschaften solcher Operatoren werden wir in Abschn. 3.5 genauer besprechen.) Außerdem wollen wir annehmen, dass das Spektrum des Operators Ω – wie im Falle der Energieeigenwerte des Wasserstoffatoms[7] – eine diskrete Menge bildet.

---

[5] Wir werden auf diesen Sonderfall jedoch in Abschn. 4.1 zurückkommen müssen.

[6] Wir müssen auch noch zeigen, dass diese Verknüpfung tatsächlich die richtige, physikalische Beschreibung des Atoms liefert!

[7] Wir meinen damit nur gebundene Zustände des Elektrons am Proton, also keine Ionisation. Ein System, bei dem dies automatisch gegeben ist, ist der harmonische Oszillator, den wir in Abschn. 4.3! besprechen werden.

Die Eigenfunktionen eines solchen Operators können so gewählt werden, dass sie normiert und orthogonal (ortho-normiert) sind,

$$\int_a^b dx \cdot u_n^*(x) \cdot u_m(x) = \delta_{nm} \,, \tag{3.3}$$

wobei $[a,b]$ das Definitionsintervall für den zugehörigen Operator ist; da wir komplexe Funktionen zulassen müssen, geht u_n^* als komplexkonjugierte Größe in (3.3) ein.

Die Eigenfunktionen sind auch vollständig, d. h. dass jede andere Funktion der Definitionsmenge als Linearkombination der Eigenfunktionen dargestellt werden kann (Entwicklung nach Eigenfunktionen!),

$$\varphi(x) = \sum_1^\infty c_n \cdot u_n(x) \,. \tag{3.4}$$

Die Orthonormierungsrelation (3.3) erlaubt uns, die Entwicklungskoeffizienten in (3.4) zu bestimmen. Wir multiplizieren (3.4) mit $u_m^*(x)$ und integrieren über x:

$$\begin{aligned}
\int_a^b dx \cdot u_m^*(x) \cdot \varphi(x) &= \sum_1^\infty c_n \int_a^b dx \cdot u_m^*(x) \cdot u_n(x) \\
&= \sum_1^\infty c_n \cdot \delta_{mn} = c_m \,.
\end{aligned} \tag{3.5}$$

Die Vollständigkeit der Eigenfunktionen wird durch die **Vollständigkeitsrelation**

$$\sum_1^\infty u_n^*(x) \cdot u_n(y) = \delta(x - y) \tag{3.6}$$

dargestellt. $\delta(x - y)$ ist die Diracsche δ-Funktion, eine Übertragung des Kroneckerschen δ_{ik} in das Kontinuum. Wir stellen die Rechenregeln für die δ-Funktion in Anhang A.2 zusammen.[8]

---

[8] Wer sich nicht mit den mathematischen Feinheiten der δ-Funktion beschäftigen will, kann entweder die Rechenregeln aus Anhang A.2 mechanisch anwenden oder die wenigen Gleichungen, in denen die δ-Funktion auftritt, einfach hinnehmen. Für das Verständnis der Quantenmechanik ist die δ-Funktion hilfreich, aber nicht unerlässlich.

Wenn wir (3.6) mit $\varphi(x)$ multiplizieren und über x integrieren, erhalten wir

$$\int_a^b dx \cdot \sum_1^\infty u_n^*(x) \cdot u_n(y) \cdot \varphi(x)$$

$$= \sum_1^\infty c_n \cdot u_n(y) = \int_a^b dx \cdot \delta(x-y) \cdot \varphi(x) = \varphi(y) \; .$$

Zusammen mit (3.5) ist das gerade (3.4)! Aus (3.6) folgt also die Möglichkeit, eine beliebige Funktion φ der Definitionsmenge nach den Eigenfunktionen $u_n(y)$ zu entwickeln.

3.4 Matrizen als Operatoren

Wir können auch Matrizen (von gegebener Dimension) als Operatoren auffassen; die Definitionsmenge ist dann der Raum der Vektoren gleicher Dimension. Für unsere Zwecke wird es genügen, 2×2 Matrizen zu betrachten; diese sind allerdings unerlässlich, wenn wir den Spin des Elektrons beschreiben wollen, wobei die Eigenwerte $+1$ und -1 sind.[9]
Wählen wir als Basisvektoren

$$\eta_+ = \begin{pmatrix} 1 \\ 0 \end{pmatrix} \; , \qquad \eta_- = \begin{pmatrix} 0 \\ 1 \end{pmatrix} \; , \tag{3.7}$$

dann sind die zugehörigen Eigenwerte gemäß (3.2) in der Hauptdiagonale einer diagonalen Matrix zu finden,

$$\begin{pmatrix} 1 & 0 \\ 0 & -1 \end{pmatrix} \eta_\pm = \pm \eta_\pm \; . \tag{3.8}$$

Nichtdiagonale Matrizen verknüpfen die beiden Basisvektoren, etwa

$$\begin{pmatrix} 0 & 1 \\ 1 & 0 \end{pmatrix} \eta_\pm = \eta_\mp \; , \tag{3.9}$$

Aber auch diese Matrix hat gemäß (3.2) (normierte) Eigenvektoren, nämlich

---

[9] Wie bei der „Ladungsdichte" ϱ, (2.21), haben wir dabei $\hbar/2$ explizit herausgenommen, siehe (5.11).

$$\xi_\pm = \frac{1}{\sqrt{2}} \begin{pmatrix} 1 \\ \pm 1 \end{pmatrix} \, . \tag{3.10}$$

Wir bemerken, dass die beiden Operatoren verschiedene Eigenvektoren haben und können uns daher fragen, unter welchen Bedingungen zwei Operatoren A und B dieselben Eigenvektoren haben können. Dieselbe Überlegung gilt auch für Differentialoperatoren, nur müssen wir dann statt „Eigenvektoren" immer „Eigenfunktionen" sagen.[10]

Nehmen wir also an, zwei Operatoren A und B hätten dieselben Eigenzustände v; es soll also gelten

$$A \cdot v = a \cdot v \, ,$$

$$B \cdot v = b \cdot v \, ,$$

wobei a und b die Eigenwerte sind.

Wenden wir nun die beiden Operatoren hintereinander auf den Eigenzustand v an, so erhalten wir

$$AB \cdot v = ab \cdot v \, .$$

Ebenso gilt aber

$$BA \cdot v = ab \cdot v \, ,$$

da die Eigenwerte a und b vertauschbar sind, was wir für die Operatoren freilich nicht voraussetzen dürfen! Subtrahieren wir die beiden Gleichungen voneinander, so erhalten wir das wichtige Ergebnis

$$(AB - BA) \cdot v = 0$$

oder – da dies für beliebige Eigenzustände gilt[11] – die Operatorgleichung

$$AB - BA = 0 \, . \tag{3.11}$$

Operatoren mit gemeinsamen Eigenzuständen müssen also **vertauschbar** sein!

Da diese Eigenschaft für die Quantenmechanik von besonderer Wichtigkeit ist, wird eine Kurzschreibweise durch den **Kommutator**

---

[10] Um diese Begriffsspaltung zu vermeiden, werden wir auch den in der Physik üblicheren Begriff *Eigenzustand* verwenden.

[11] Genau genommen setzen wir hier voraus, dass die Eigenzustände eine vollständige Basis bilden; wir werden aber diese Strenge für das weitere Verständnis nicht brauchen.

$$AB - BA =: [A, B] \tag{3.12}$$

definiert. Damit zwei Operatoren dieselben Eigenzustände haben können, muss also gelten:

$$[A, B] = 0 \tag{3.13}$$

Wir können schon vermuten, dass dies für Ort und Impuls relevant ist; die Messung[12] des einen beeinflusst den anderen, so dass es bei einer Messung auf die Reihenfolge ankommen wird. Die Heisenbergsche Unschärferelation (2.17) sagt ja zumindest qualitativ, dass Ort und Impuls eines „Teilchens" nicht gleichzeitig exakt gemessen werden können.

3.5 Hermitesche Operatoren

Wenn wir Eigenwerte mit physikalischen Messwerten, zum Beispiel den Energiewerten E_n, identifizieren wollen, dann müssen die Eigenwerte reelle Zahlen sein, denn Messwerte sind immer reelle Zahlen!

Fragen wir daher nach den Bedingungen, wonach ein Operator reelle Eigenwerte besitzt. Der Einfachheit halber beginnen wir mit Matrizen.

Sei Ω ein Matrixoperator mit reellen Eigenwerten. Dann gilt

$$\Omega \cdot v_n = \omega_n \cdot v_n \quad \text{mit} \quad \omega_n = \omega_n^* . \tag{3.14}$$

Wenn wir (3.14) transponieren und komplex konjugieren, (also *hermitesch konjugieren*)[13] erhalten wir

$$v_n^\dagger \Omega^\dagger = \omega_n \cdot v_n^\dagger .$$

Multiplikation mit v_m von rechts ergibt

$$v_n^\dagger \Omega^\dagger v_m = \omega_n \cdot v_n^\dagger v_m . \tag{3.15}$$

Multiplizieren wir (3.14) mit n ersetzt durch m von links mit $v_n^\dagger$, so erhalten wir analog

---

[12] Allerdings müssen wir noch nach dem Zusammenhang der Messungen mit den mathematischen Größen fragen, was wir im nächsten Kapitel tun werden.

[13] Wir schreiben den üblichen Stern (*) für komplexe Konjugation und ein hochgestelltes $\dagger$ für hermitesche Konjugation (d. h. komplexe Konjugation und Transposition, $*^T$).

$$v_n^\dagger \Omega v_m = \omega_m \cdot v_n^\dagger \cdot v_m \; , \tag{3.15a}$$

woraus folgt

$$v_n^\dagger \Omega v_m = v_n^\dagger \Omega^\dagger v_m \tag{3.16}$$

oder, da dies für alle Eigenvektoren gilt, als Operatorgleichung

$$\Omega = \Omega^\dagger \; . \tag{3.17}$$

Sollen die Eigenwerte reell sein, müssen also die zugehörigen Matrizen (3.16) erfüllen, das heißt es müssen **hermitesche Matrizen**[14] sein! Ein Beispiel wäre die Matrix

$$\begin{pmatrix} 0 & -i \\ i & 0 \end{pmatrix} \; , \tag{3.18}$$

die selbst nicht reell ist, aber ebenso wie die Matrizen (3.8) und (3.9) reelle Eigenwerte ± 1 hat.

Die drei Matrizen (3.9), (3.18) und (3.8) bilden – in dieser Reihenfolge – die so genannten **Pauli-Matrizen** $\sigma_x \sigma_y \sigma_z$, die (mit $\hbar/2$ multipliziert, siehe Fußnote 9 in diesem Kapitel) die Operatoren sind, die den drei Komponenten des Spinvektors entsprechen. Wir werden sie in Abschn. 5.4 genauer betrachten.

Für Differentialoperatoren gilt ganz Analoges; um dies deutlich zu machen, schreiben wir zunächst (3.16) um:

$$v_n^\dagger \Omega v_m = (\Omega v_n)^\dagger v_m \; .$$

Dann sehen wir die Analogie zur Definition des hermiteschen Differentialoperators H:

$$\int_a^b dx \cdot [H u_n(x)]^* \cdot u_m(x) = \int_a^b dx \cdot u_n^*(x) H u_m(x) \; , \tag{3.19}$$

wobei (3.19) nicht nur für Eigenfunktionen, sondern für beliebige Funktionen aus der Definitionsmenge gilt.

Da nur die Eigenwerte hermitescher Operatoren mit Messwerten identifiziert werden können, nennen wir hermitesche Operatoren auch **Observable**.

---

[14] Genau genommen müssen die Operatoren *selbstadjungiert* sein, wir wollen aber auf diese Unterscheidung, die sich auf den Definitionsbereich bezieht, hier nicht eingehen.

Werner Heisenberg. Geb. 1901 in Würzburg, gest. 1976 in München. Erhielt 1933 den Physik-Nobelpreis des Jahres 1932 „für die Aufstellung der Quantenmechanik, deren Anwendung u. a. zur Entdeckung der allotropen Formen des Wasserstoffs geführt hat" (W. Blum, im Namen der Fam. Heisenberg)

Erwin Schrödinger. Geb. 1887 in Wien, gest. 1961 in Wien. Erhielt den Physik-Nobelpreis des Jahres 1933 gemeinsam mit P. A. M. Dirac „für die Entdeckung neuer, fruchtbarer Formen der Atomtheorie" (Österreichische Zentralbibliothek für Physik, Wien)

Louis de Broglie. Geb. 1892 in Dieppe (Frankreich), gest. 1987 in Paris. Erhielt den Physik-Nobelpreis des Jahres 1929 „für die Entdeckung der Wellenfunktion des Elektrons"

Wolfgang Pauli. Geb. 1900 in Wien, gest. 1958 in Zürich. Erhielt den Physik-Nobelpreis des Jahres 1945 „für die Entdeckung des nach ihm benannten Prinzips" (Österreichische Zentralbibliothek für Physik, Wien)

Paul Adrien Maurice Dirac. Geb. 1902 in Bristol (England), gest. 1984 in Tallahassee (Florida). Erhielt den Physik-Nobelpreis des Jahres 1933 gemeinsam mit Erwin Schrödinger „für die Entdeckung neuer, fruchtbarer Formen der Atomtheorie" (Österreichische Zentralbibliothek für Physik, Wien)

4. Die (zeitunabhängige) Schrödingergleichung

4.1 Die Quantisierungsvorschrift nach Schrödinger

Wir haben nun mit Hilfe der Mathematik eine formale Beziehung, (3.2), zwischen einer Menge von (Eigen-)Funktionen und (Eigen-)Werten hergestellt. Nun erhebt sich die Frage, ob es überhaupt einen Operator gibt, der die konkreten Werte (2.15b) mit Funktionen der Art (2.23) verknüpft, wobei diese Funktionen einer Normierungsbedingung (2.21) genügen sollen. Und wenn wir – zunächst formal – einen solchen Operator gefunden haben, dann müssen wir erst die Frage beantworten, wie wir ihn physikalisch interpretieren sollen. Selbst wenn uns dies gelungen ist, bleibt noch immer der Widerspruch zwischen den beiden anschaulichen Modellen von Abschn. 2.5 und 2.7!

Erwin Schrödinger hat den gesuchten Operator gefunden, allerdings seine heute allgemein anerkannte Interpretation nie akzeptiert.[1]

Obwohl immer wieder versucht wird, die Form dieses Operators plausibel zu machen oder gar „herzuleiten", halte ich es für besser, sich einzugestehen, dass große physikalische Entwürfe ein wesentliches Element der Intuition ihres Erfinders in sich tragen und ihre Berechtigung zunächst und vor allem aus der richtigen Interpretation experimenteller Ergebnisse erlangen! Albert Einstein schrieb:[2]

„Zu diesen elementaren Gesetzen führt kein logischer Weg, sondern nur die auf Einfühlung in die Erfahrung sich stützende Intuition."

---

[1] Ebenso wie Max Planck, Albert Einstein, Max von Laue und Louis de Broglie, um nur die führenden Köpfe zu nennen! Dies sei nur als Hinweis auf die durchaus nicht-triviale Konsequenz der Quantenmechanik gedacht.

[2] Albert Einstein: Mein Weltbild, Querido, Amsterdam (1934) S. 109.

Und Wolfgang Pauli meinte:[3]

„Theorien kommen zustande durch ein vom empirischen Material inspiriertes *Verstehen*, welches am besten im Anschluss an *Plato* als zur Deckung kommen von inneren Bildern mit äußeren Objekten und ihrem Verhalten zu deuten ist."

Darum versuche ich gar nicht, Plausibilitätsargumente zu erfinden, sondern gebe den erfolgreichen Ansatz Schrödingers einfach an.[4] Es sei wiederholt, dass die Rechtfertigung dafür aus der richtigen Beschreibung des experimentellen Materials stammt!

Nach Schrödinger wird der Übergang von der klassischen Beschreibung zur Quantenmechanik vollzogen, indem man den Impulsvektor p_l ersetzt durch den **Impulsoperator**,

$$p = -i\hbar\nabla - i\hbar\partial \tag{4.1}$$

oder

$$p_l = -i\hbar\nabla_l = -i\hbar\frac{\partial}{\partial x_l} . \tag{4.1a}$$

Wenn wir dies in die Eigenwertgleichung (3.2) einsetzen, so erhalten wir als „Eigenfunktionen" des Impulsoperators sofort die „ebenen Wellen"

$$f_p(x) = e^{ikx} \tag{4.2}$$

mit den Eigenwerten

$$p = \hbar \cdot k \tag{4.3}$$

Dies ist die bekannte **de Broglie-Beziehung**. Wir haben jedoch das Wort „Eigenfunktionen" in Anführungsstriche gesetzt, denn die ebenen Wellen können nicht gemäß (2.23) normiert werden, ihr Absolutquadrat ist 1 und daher existiert das Integral aus (2.23) nicht. Dies ist zwar

---

[3] Wolfgang Pauli: Physik und Erkenntnistheorie. Vieweg, Braunschweig (1984) S. 95.

[4] Wer sich für die zweifellos interessanten Versuche und Überlegungen auf dem Weg zum Ziel interessiert, sei an die eindrucksvolle Beschreibung von Schrödinger selbst verwiesen: Erwin Schrödinger: Vier Vorlesungen über Wellenmechanik. Springer, Berlin (1928); E. Schrödinger, M. Planck, A. Einstein, H. A. Lorentz: Briefe zur Wellenmechanik. K. Przibram (Hrsg.), Springer, Wien (1976).

formal ein Mangel, wir können aber die Ursache physikalisch verstehen! Wir haben ja nach den Eigenfunktionen des Impulses gefragt, so wie wir die Energiewerte E_n des Wasserstoffatoms darstellen wollen. Wenn aber ein Impulswert ohne Unbestimmtheit verlangt wird, dann muss gemäß der Unschärferelation (2.17) die Unbestimmtheit des Ortes unendlich werden! Genau dem entspricht die Tatsache, dass das Absolutquadrat der Impulseigenfunktionen, also die zugehörige Dichte, im ganzen Raum konstant ist!

Wir können den Spieß umdrehen und nach den Ortseigenfunktionen fragen;[5] freilich muss auch dabei eine Grenzsituation auftreten, weil das obige Argument mit Austausch von Ort und Impuls genau so gilt.

„Ortsoperator" ist der Vektor x_l und „Anwendung" des Operators ist die einfache Multiplikation. Die zugehörige Eigenwertgleichung finden wir in Anhang A.2, nämlich

$$x_l \cdot \delta(x_l - \xi_l) = \xi_l \cdot \delta(x_l - \xi_l) \qquad \text{mit } l = 1, 2, 3 , \qquad (4.4)$$

wobei ξ_l die l-te Komponente eines festen Ortsvektors ist.

Da Ort und Impuls nicht gleichzeitig bestimmbar sind, werden sie auch keine gleichzeitigen Eigenfunktionen zulassen. Fragen wir also nach dem **Kommutator**, der nach Abschn. 3.4 nicht 0 sein darf. Dazu bleiben wir zunächst im Eindimensionalen und wenden die beiden Operatoren x und $P = -i\hbar(\partial/\partial x)$ auf eine beliebige Funktion $f(x)$ in verschiedener Reihenfolge an:

$$x \cdot Pf(x) = -i\hbar x \frac{\partial f}{\partial x} ,$$

$$P \cdot xf(x) = -i\hbar \frac{\partial}{\partial x} xf(x) = -i\hbar f(x) - i\hbar x \frac{\partial f}{\partial x} .$$

Subtraktion der beiden Gleichungen ergibt den **fundamentalen Kommutator**

$$x \cdot P - P \cdot x = i\hbar . \qquad (4.5)$$

oder, mit der Definition (3.12) und verallgemeinert auf drei Dimensionen (siehe (2.17) und die Bemerkung davor)

$$[x_l, P_k] = i\hbar \cdot \delta_{lk} \qquad (4.6)$$

---

[5] Zusammen mit dem nächsten kann dieser Absatz ohne Verlust für das Verständnis des Folgenden übersprungen werden!

In der Hamiltonschen Fassung der klassischen Mechanik werden alle Messgrößen als Funktionen von Orts- und Impulsvariablen ausgedrückt. Es ist daher nun möglich, für jede dieser Messgrößen einen zugehörigen Operator zu finden, indem wir die Ersetzung (4.1) ausführen.

4.2 Die Eigenwertgleichung für die Energie

Nach der Quantisierungsvorschrift (4.1) können wir den Operator finden, der die Funktionen (2.23) mit den Energiewerten (2.15b) verknüpft, indem wir in (2.18) den Impuls p durch den Impulsoperator (4.1) ersetzen. Wir erhalten dann den **Energieoperator**, auch **Hamiltonoperator** genannt. Wir wollen dies jedoch gleich für ein allgemeines Potential $V(r)$ tun; die (Gesamt-)Energie ist dann

$$H = \frac{p^2}{2m} + V(r) \tag{4.7}$$

und mit der Ersetzung (4.1) wird daraus der Hamiltonoperator[6]

$$\underline{H} = \frac{-\hbar^2}{2m}\Delta + V(r) . \tag{4.8}$$

Dabei ist Δ der **Laplace-Operator**

$$\Delta = \partial \cdot \partial = \nabla \cdot \nabla = \sum_{k=1}^{3} \frac{\partial^2}{\partial x_k^2} . \tag{4.9}$$

Die Eigenwertgleichung gemäß (3.2) ist dann

$$\underline{H}\psi_n(x) = E_n\psi_n(x) \tag{4.10}$$

oder – ausgeschrieben –

$$\frac{-\hbar^2}{2m}\Delta\,\psi_n(x) + V(r)\psi_n(x) = E_n\psi_n(x) . \tag{4.11}$$

Dies ist die (zeitunabhängige) **Schrödingergleichung**. Sie liefert tatsächlich die richtigen Energiewerte für das Wasserstoffatom, wenn für das Potential wieder $-e^2/r$ eingesetzt wird und die Eigenfunktionen ψ_n die Normierungsbedingung

---

[6] Zur Unterscheidung von der Energie werden wir den Operator unterstreichen.

$$\int d^3x |\psi_n(x)|^2$$

$$= \int_0^{2\pi} d\varphi \int_0^{\pi} \sin\vartheta \cdot d\vartheta \cdot \int_0^{\infty} r^2 \cdot dr |\psi_n(r, \vartheta, \varphi)|^2 = 1 \qquad (4.12)$$

erfüllen.[7] Wir wollen die ziemlich aufwendige Rechnung auf später verschieben und vorläufig nur die erfreuliche Tatsache zur Kenntnis nehmen! Zunächst gilt es nämlich zu rekapitulieren: Wir sind von zwei unvereinbaren Atommodellen ausgegangen und haben sie *formal* durch die Eigenwertgleichung verknüpft. Demnach sind die E_n alle möglichen Energiewerte, die ein Wasserstoffatom annehmen kann. Andere Energiewerte sind ausgeschlossen. Demnach sind aber auch die

$$\varrho_n(x) = |\psi_n(x)|^2 \qquad (4.13)$$

die zum Energiewert E_n gehörenden, normierten Ladungsdichteverteilungen[8] des Elektrons, die ψ_n heißen demgemäß auch **Zustandsfunktionen** oder – nach Schrödinger – **Wellenfunktionen**[9] des Wasserstoffatoms.

Die beiden Ergebnisse stammen aber aus den zwei anschaulich unvereinbaren Modellen und wir müssen daher fragen, was die Natur des Elektrons[10] im Atom sei; denn die Energiewerte stammen aus dem diskreten Teilchenmodell und die Zustandsfunktionen aus dem Kontinuumsmodell. Die Energiewerte erklären *quantitativ* die Rydbergformel (2.11), die zugehörigen „Formen" des Elektrons im Wasserstoffatom sollen aber durch die Dichtefunktionen (4.13) beschrieben werden. Da-

---

[7] Da wir meist kugelsymmetrische Probleme behandeln, geben wir die Normierungsbedingung auch in Kugelkoordinaten an.

[8] Die eigentliche Ladungsdichte ist immer $e \cdot \varrho_n(x)$, siehe auch Abschn. 2.7.

[9] Die Bezeichnung wird aus historischen Gründen beibehalten, die Zustandsfunktionen haben meist mit Wellen im herkömmlichen Sinne nichts gemein.

[10] Wir fragen nach der „Natur des Elektrons" im weitesten Sinne, nicht nach einer möglichen Vorstellung oder einem anschaulichen Modell. Wir dürfen nicht einfach voraussetzen, dass dies weiterhin – wie in der klassischen Physik – möglich sei. Wolfgang Pauli hat auf die Frage: „Wie sieht ein Elektron aus?" geantwortet: „Ein Elektron sieht nicht aus!"

bei ist zu bedenken, dass diese Funktionen *zeitunabhängig* sind![11] Und dies, obwohl der zugehörige Energieoperator (4.8) aus dem Ausdruck für die Gesamtenergie (4.7) hervorgegangen ist, der eindeutig einen Anteil der *kinetischen Energie* enthält! Wir dürfen daher sicherlich nicht den Operator als direkte Verallgemeinerung des klassischen Ausdruckes für die Messgröße betrachten! Wir werden uns später noch damit beschäftigen, wie wir in der Quantenmechanik Zustände, Messgrößen, Messwerte und Messungen unterscheiden.

Da es sich dabei offensichtlich um kein einfaches Problem handelt, wollen wir behutsam vorgehen und immer nur das anerkennen, was durch mathematische Beschreibung und experimentelle Resultate gesichert erscheint. Zunächst ist dies nur die Tatsache, dass die Menge der E_n alle möglichen Energiewerte des Wasserstoffatoms wiedergibt! Wir wollen dies verallgemeinern und kommen damit zu einem ersten Postulat:

1. Postulat:

> **Die möglichen Ergebnisse einer Messung sind die Eigenwerte des zugehörigen Operators.**

Die Menge der Eigenwerte heißt auch **Spektrum** des Operators.

Nun haben wir nicht nur die Energieeigenwerte E_n richtig errechnet, vermöge (4.10) ist auch jedem E_n (mindestens) ein ψ_n und damit eine Ladungsdichteverteilung $e \cdot \varrho_n$ zugeordnet. Insbesondere gehört zum Grundzustand E_1 eine kugelsymmetrische Ladungsdichte, wie wir es gefordert haben.[12] Wir dürfen daher diese Zuordnung als zweites Postulat formulieren:

2. Postulat:

> **Befindet sich ein System in einem Eigenzustand[13] u_n eines Operators Ω, siehe (3.2), so führt die Messung der zugehörigen Messgröße mit Sicherheit zum zugehörigen Eigenwert ω_n.**

Dies ist insoferne nur vorläufig, als wir noch nicht besprochen haben, wie ein System im Allgemeinen in einen Eigenzustand versetzt werden

---

[11] Man spricht daher von „stationären Zuständen".
[12] Den Nachweis werden wir später erbringen, siehe (6.30).
[13] Wenn es also durch die Dichtefunktion $|u_n|^2$ beschrieben werden kann!

kann (beim Grundzustand des Wasserstoffatoms geschieht dies ja ohne unser Zutun durch Abstrahlung von Photonen).

Ehe wir uns aber diesen Problemen zuwenden, wollen wir uns noch ein wenig im formalen Umgang mit Operatoren und Eigenzuständen üben. Da das Wasserstoffatom auf Grund seiner Komplexität nicht geeignet ist, wählen wir daher zunächst ein einfaches Beispiel: den eindimensionalen harmonischen Oszillator.[14]

4.3! Der harmonische Oszillator

In der klassischen Mechanik ist der (eindimensionale) harmonische Oszillator ein Teilchen der Masse m, das durch eine „elastische Kraft" mit der „Federkonstante" k an den Ort $x = 0$ gebunden ist; er wird also definiert durch ein Parabelpotential[15]

$$V(x) = \frac{k}{2} \cdot x^2 \qquad (4.14)$$

Die Gesamtenergie des harmonischen Oszillators ist daher

$$E_{\text{h.O.}} = \frac{p^2}{2m} + \frac{k}{2} \cdot x^2 . \qquad (4.15)$$

Die Bewegungsgleichung lautet

$$m \cdot \frac{\mathrm{d}^2 x}{\mathrm{d}t^2} + k \cdot x = 0 \qquad (4.16)$$

mit der klassischen Lösung

$$x(t) = A \cdot \cos(\omega t + \delta) , \qquad (4.17)$$

wobei die Eigenfrequenz ω mit der Federkonstante k verknüpft ist durch

---

[14] Wer an der formalen Behandlung der Quantenmechanik wenig Interesse hat, kann dieses Kapitel überspringen.

[15] Dies entspricht einer „rücktreibenden Kraft" proportional der Auslenkung x. Da jedes Potential um ein Minimum (d. h. um eine Gleichgewichtslage) nach Potenzen von x entwickelt werden kann, kann auch jedes Potential für genügend kleine Auslenkungen durch einen harmonischen Oszillator näherungsweise beschrieben werden (Ausnahmen bilden Potentiale mit Flachstellen).

$$k = m\omega^2 \, . \tag{4.18}$$

Damit ist der Impuls

$$p(t) = -m\omega \cdot A \cdot \sin(\omega t + \delta) \, ,$$

und wir können die Amplitude ausdrücken durch x und p:

$$A^2 = x^2 + \frac{p^2}{m^2\omega^2} \, . \tag{4.19}$$

Wenn die Quantenmechanik für mikroskopische Systeme zuständig sein soll, dann finden wir in jedem **zweiatomigen Molekül** ein Beispiel für den quantisierten, harmonischen Oszillator. Denn – klassisch betrachtet – können wir das Bindungspotential zumindest für kleine Schwingungen durch das Parabelpotential des harmonischen Oszillators approximieren.[16] Das Schwingungsspektrum solcher Moleküle ist (wie das Linienspektrum des Wasserstoffatoms) ein diskretes Spektrum, aber mit äquidistanten Energieniveaus. Es gilt also, dieses Spektrum der Energieniveaus aus einer Schrödingergleichung nach den oben beschriebenen Regeln abzuleiten.

Der Übergang zur quantenmechanischen Beschreibung des harmonischen Oszillators erfolgt nach der allgemeinen Regel (4.1), allerdings hier nur in einer Raumdimension,

$$p \to P = -i\hbar \frac{\mathrm{d}}{\mathrm{d}x} \, . \tag{4.20}$$

Aus (4.15) wird damit die **Schrödingergleichung** für den eindimensionalen, harmonischen Oszillator

$$\left(\frac{-\hbar^2}{2m} \cdot \frac{\mathrm{d}^2}{\mathrm{d}x^2} + \frac{m\omega^2}{2} \cdot x^2 \right) \psi_n(x) = E_n \psi_n(x) \, , \tag{4.21}$$

wobei die Wellenfunktionen der Normierungsbedingung genügen müssen. Im eindimensionalen Fall wird aus (4.12)

$$\int\limits_{-\infty}^{+\infty} \mathrm{d}x \cdot |\psi_n(x)|^2 = 1 \, . \tag{4.22}$$

---

[16] Die Teilchenmasse m ist dabei durch die reduzierte Masse μ zu ersetzen, für Moleküle aus gleichen Atomen (z. B. H_2, O_2, N_2, etc.) gilt $\mu = m/2$.

Die Lösung könnte nach den Regeln für Differentialgleichungen direkt erhalten werden.[17] Wir wollen uns aber im Umgang mit Operatoren üben und wählen daher einen algebraischen Weg. Hierzu schreiben wir die Amplitude gemäß (4.19) zunächst formal um:

$$A^2 = \left(x + \frac{ip}{m\omega} \right) \left(x - \frac{ip}{m\omega} \right) .$$

Mit der Ersetzung (4.20) definieren wir zwei neue Operatoren[18]

$$a = \sqrt{\frac{m}{2\omega}} \left(\omega x + \frac{iP}{m} \right) , \qquad (4.23a)$$

$$a^\dagger = \sqrt{\frac{m}{2\omega}} \left(\omega x - \frac{iP}{m} \right) , \qquad (4.23b)$$

wobei der Impulsoperator P gemäß (4.20) zu verstehen ist, also

$$a = \sqrt{\frac{m}{2\omega}} \left(\omega x + \frac{\hbar}{m} \cdot \frac{d}{dx} \right) , \qquad (4.24a)$$

$$a^\dagger = \sqrt{\frac{m}{2\omega}} \left(\omega x - \frac{\hbar}{m} \cdot \frac{d}{dx} \right) . \qquad (4.24b)$$

Die beiden Operatoren sind offenbar nicht hermitesch,[19] entsprechen also keiner Observablen, keiner Messgröße![20] Trotzdem werden sie uns überaus nützlich sein. Um mit Operatoren einfach rechnen zu können,[21]

---

[17] Sie führt zu den Hermiteschen Polynomen, multipliziert mit der Exponentialfunktion aus (4.36).

[18] Wir fügen willkürlich einen Faktor $\sqrt{(m\omega/2)}$ hinzu, um geeignete Dimension und Normierung zu erhalten.

[19] Da $a \neq a^\dagger$, siehe (3.17).

[20] Für Energieeigenzustände ist die Amplitude also keine Messgröße. Dies entspricht der schon oben erwähnten Tatsache, dass wir es mit zeitunabhängigen Größen zu tun haben, bei denen also keine Bewegung im klassischen Sinn vorliegt! Das heißt aber nicht, dass es beim quantenmechanischen Oszillator keine „Auslenkung" gibt! Wir werden später eine solche angeben, sie entspricht aber keinem Energieeigenzustand.

[21] Der Unterschied zu gewöhnlichen, algebraischen Größen (so genannten „c-Zahlen") ist lediglich der, dass wir bei Operatoren auf die Reihenfolge achten müssen. So heißt es etwa statt $(a + b)^2 = a^2 + 2ab + b^2$ für Operatoren $(A + B)^2 = A^2 + AB + BA + B^2$.

müssen wir ihre Vertauschungsregeln kennen (siehe (3.12)). Wir fragen daher zunächst nach dem Kommutator $[a, a^\dagger]$. Einsetzen der Definitionen (4.23a, b) ergibt

$$[a, a^\dagger] = \frac{m}{2\omega} \left[\omega x + \frac{iP}{m}, \omega x - \frac{iP}{m} \right] .$$

Da für Kommutatoren das Distributionsgesetz der Algebra[22] gilt und da jeder Operator mit sich selbst kommutiert,[23] können wir dies zu

$$[a, a^\dagger] = \frac{m}{2\omega} \left\{ \frac{i\omega}{m} [P, x] - \frac{i\omega}{m} [x, P] \right\}$$

vereinfachen. Mit der fundamentalen Gleichung (4.5) wird daraus

$$[a, a^\dagger] = \hbar . \tag{4.25}$$

Als nächstes drücken wir den Energieoperator (den Hamiltonoperator) aus (4.23a, b) durch die neuen Operatoren a und $a^\dagger$ aus; dazu kehren wir zunächst (4.23a, b) um und erhalten

$$x = \frac{1}{\sqrt{2m\omega}} \left(a + a^\dagger \right) , \tag{4.26a}$$

$$P = -i \sqrt{\frac{m\omega}{2}} \left(a + a^\dagger \right) . \tag{4.26b}$$

Im Hamiltonoperator kommen x und P jeweils quadratisch vor, wir müssen also (4.26a, b) unter Beachtung der Nichtvertauschbarkeit quadrieren:

$$x^2 = \frac{1}{2m\omega} \left(a^2 + a^{\dagger 2} + a^\dagger a + aa^\dagger \right) ,$$

$$P^2 = -\frac{m\omega}{2} \left(a^2 + a^{\dagger 2} - a^\dagger a - aa^\dagger \right) .$$

Damit erhalten wir den Hamiltonoperator für den eindimensionalen harmonischen Oszillator

$$\underline{H}_{h.O.} = \frac{P^2}{2m} + \frac{m}{2} \omega^2 x^2 = \frac{\omega}{2} \left(a^\dagger a + aa^\dagger \right) \tag{4.27}$$

---

[22] Für komplexe Zahlen c_i und Operatoren A, B, C gilt $[c_1 A + c_2 B, C] = c_1 [A, C] + c_2 [B, C]$.
[23] Also gilt immer $[A, A] = 0$.

oder – unter Berücksichtigung der Vertauschungsregel (4.25) –

$$\underline{H}_{\text{h.O.}} = \omega \left(a^\dagger a + \frac{\hbar}{2} \right) . \qquad (4.28)$$

Der Hamiltonoperator nimmt also mit den Operatoren a und $a^\dagger$ eine ganz einfache Form an. Daher können wir nun auch ganz leicht die Vertauschungsregeln dieser Operatoren mit dem Hamiltonoperator bestimmen:[24]

$$\left[\underline{H}_{\text{h.O.}}, a \right] = \omega \left[a^\dagger a, a \right] = \omega \left[a^\dagger, a \right] a ,$$

$$\left[\underline{H}_{\text{h.O.}}, a^\dagger \right] = \omega \left[a^\dagger a, a^\dagger \right] = \omega a^\dagger \left[a \, a^\dagger \right]$$

und mit den Vertauschungsregeln (4.25)

$$\left[\underline{H}_{\text{h.O.}}, a \right] = -\hbar\omega \cdot a , \qquad (4.29a)$$

$$\left[\underline{H}_{\text{h.O.}}, a^\dagger \right] = \hbar\omega \cdot a^\dagger . \qquad (4.29b)$$

Damit haben wir durch die Vertauschungsregeln (4.29a, b) die Operatoren a und $a^\dagger$ als **Leiteroperatoren** identifiziert (siehe (A.3)), deren Definition und Eigenschaften wir im Anhang A.3 zusammengestellt haben.

Die Definition des Grundzustandes, (A.7), wird damit zu

$$a \cdot \psi_0(x) = 0 , \qquad (4.30)$$

und aus (4.28) folgt

$$\underline{H}_{\text{h.O.}} \psi_0(x) = \frac{\hbar\omega}{2} \psi_0(x) . \qquad (4.31)$$

Damit wird das Eigenwertspektrum des linearen, harmonischen Oszillators gemäß (A.9) und (4.29a)

$$E_n = \hbar\omega \left(n + \frac{1}{2} \right) . \qquad (4.32)$$

Wir haben also wirklich zeigen können, dass das Spektrum des harmonischen Oszillators äquidistante Eigenwerte aufweist, wie es den experimentellen Ergebnissen an (zweiatomigen) Molekülen entspricht! Besondere Beachtung verdient die **Grundzustandsenergie** $E_0 = \hbar\omega/2$

---

[24] Wir benutzen dazu die leicht zu überprüfende Identität $[AB, C] = A[B, C] + [A, C]B$.

(siehe (4.32))! Für einen klassischen, harmonischen Oszillator ist der Grundzustand selbstverständlich der Ruhezustand mit der Energie 0. Quantenmechanisch ist dies aber unmöglich, da in einem solchen Zustand sowohl der Ort ($x = 0$) als auch der Impuls ($p = 0$) exakt bekannt wären, was der Unschärferelation widerspräche! Die Nullpunktenergie ist also die direkte, messbare Konsequenz der Unschärferelation und zeigt deutlich, dass es sich dabei nicht um eine Grenze handelt, die aus unseren gegebenen (Mess-)Möglichkeiten folgt, sondern dass es sich dabei um einen höchst realen, physikalischen Effekt handelt!

So wie wir in Abschn. 2.7 gezeigt haben, dass das Elektron im Wasserstoffgrundzustand den kleinsten, von der Unschärferelation erlaubten Raum einnimmt, so sehen wir nun, dass die Unschärferelation dem harmonischen Oszillator einen minimalen Impuls und eine minimale Ortsausbreitung zuweist, die nicht unterschritten werden können.

Da die Leiteroperatoren $a^\dagger$ und a im Energiezustand des harmonischen Oszillators jeweils ein Quantum $\hbar\omega$ hinzufügen oder abziehen, werden sie auch **Erzeugungs-** und **Vernichtungsoperatoren** genannt.

Nachdem wir nun das experimentell bestimmte Schwingungsspektrum von Molekülen auch theoretisch richtig wiedergeben konnten, wollen wir uns noch den Eigenfunktionen des harmonischen Oszillators zuwenden. Nach (A.7) gilt für den Grundzustand

$$a \cdot \psi_0(x) = 0 \tag{4.33}$$

oder – mit (4.24a) –

$$\left(\omega x + \frac{\hbar}{m} \cdot \frac{\mathrm{d}}{\mathrm{d}x} \right) \psi_0(x) = 0 \,. \tag{4.34}$$

Die Lösung dieser linearen, totalen Differentialgleichung ist leicht zu finden

$$\psi_0(x) = C \, \mathrm{e}^{-m\omega x^2/(2\hbar)} \,,$$

wobei die Konstante C aus der Normierungsbedingung (4.22) zu bestimmen ist. Dazu benutzen wir die bekannte Integralformel

$$\int\limits_{-\infty}^{\infty} \mathrm{e}^{-\lambda x^2} \mathrm{d}x = \sqrt{\frac{\pi}{\lambda}} \tag{4.35}$$

und erhalten

$$C = \left(\frac{m\omega}{\pi\hbar}\right)^{1/4} e^{i\alpha}$$

mit einer unbestimmten Phase α, die wir aber ohne Beschränkung der Allgemeinheit 0 setzen dürfen, da sie aus allen physikalisch relevanten Größen herausfällt.[25]

Somit erhalten wir die Wellenfunktion des Grundzustandes des harmonischen Oszillators

$$\psi_0(x) = \left(\frac{m\omega}{\pi\hbar}\right)^{1/4} e^{-m\omega x^2/(2\hbar)} . \tag{4.36}$$

Es handelt sich dabei also um eine Gaußsche Glockenkurve, deren Absolutquadrat – analog zur Ladungsdichte des Elektrons im Wasserstoffatom – die „Form" des harmonischen Oszillators im Grundzustand beschreibt.

Wollen wir nun auch die angeregten Zustände mathematisch darstellen, so benutzen wir (A.8), um mittels Erzeugungsoperatoren die Leiter der Zustände hinaufzusteigen:

$$\psi_{n+1}(x) = c_n a^\dagger \psi_n(x) . \tag{4.37}$$

Wir nehmen an, dass die Eigenfunktion ψ_n schon normiert ist und verlangen die Normierung gemäß (4.22) nun auch für ψ_{n+1}. Somit erhalten wir mit (4.37)

$$\int_{-\infty}^{\infty} dx |\psi_{n+1}(x)|^2 = c_n^2 \int_{-\infty}^{\infty} \psi_n^*(x) a a^\dagger \psi_n(x) = 1 .$$

Aus (4.28) und (4.25) folgt aber

$$a a^\dagger = \frac{1}{\omega} \underline{H}_{\text{h.O.}} + \frac{\hbar}{2} .$$

Setzen wir dies ein, können wir die Eigenwertgleichung ausnutzen und berechnen wegen (4.32) und der Normierungsbedingung (4.22)

$$c_n^2 \int_{-\infty}^{\infty} dx \cdot \psi_n^*(x) \left[\frac{1}{\omega}\underline{H}_{\text{h.O.}} + \frac{\hbar}{2}\right] \psi_n(x) = c_n^2 \left[\frac{1}{\omega}E_n + \frac{\hbar}{2}\right]$$

$$= c_n^2 \hbar(n+1) = 1 .$$

---

[25] Die messbare Dichte ist ja das Absolutquadrat der Wellenfunktion.

Damit erhalten wir eine Rekursionsformel für die Eigenfunktionen[26]

$$\psi_n(x) = \sqrt{\frac{m\omega}{2\hbar n}} \left(x - \frac{\hbar}{m\omega} \cdot \frac{\mathrm{d}}{\mathrm{d}x} \right) \psi_{n-1}(x) \tag{4.38}$$

Mit (4.36) können wir daraus alle Eigenfunktionen durch einfache Differentiation errechnen. Die resultierenden Funktionen sind die so genannten **Hermite-Polynome**, multipliziert mit der Exponentialfunktion des Grundzustandes (4.36). Sie sind als spezielle Funktionen der mathematischen Physik mit allen ihren Eigenschaften bekannt.

---

[26] Um eine kürzere Schreibweise zu erhalten, haben wir dabei $n + 1$ durch n ersetzt.

5. Die Interpretation der Wellenfunktion

5.1 Das Doppelspaltexperiment

Nachdem wir uns nun an den formalen Umgang mit Operatoren und Eigenfunktionen etwas gewöhnt haben, wollen wir uns wieder der Frage zuwenden, was wir unter den mathematischen Größen physikalisch zu verstehen haben. Ausgangspunkt war der Versuch, das (diskrete) Bohrsche Modell des gebundenen Elektrons (Abschn. 2.5) mit dem Kontinuummodell (Abschn. 2.7) so zusammenzuführen, dass die Erfolge beider Modelle vereint werden können. Dabei sind wir auf die Schrödingergleichung und die beiden Postulate von Abschn. 4.2 gestoßen.

Diese Postulate beschreiben zunächst nur den „diskreten" Teil des Problems, sie erlauben die Quantisierung von Messgrößen in mathematischer Form. Der Kontinuumsaspekt wird bisher zwar durch die Ladungsdichten beschrieben, wir brauchen aber noch einen formalen Zusammenhang, wollen wir die beiden Seiten des Problems wirklich vereinen!

Zunächst scheinen diese unvereinbar zu sein. Daher wollen wir die Frage an das Experiment richten, ob es wohl möglich sei, auf eine der beiden Seiten „diskret" und „kontinuierlich" (oder „Teilchen" und „Welle") zu verzichten. Wir hatten schon zu Beginn dieses Buches in Kap. 1 gesehen, dass es typische Phänomene für Wellen (z. B. Interferenz) und für Teilchen (z. B. Lokalisierbarkeit) auf „Bahnen" gibt.

Die heute gültige Form der Quantenmechanik ist von einigen ihrer Mitbegründer nie akzeptiert worden (siehe den Beginn von Kap. 4). Die Auseinandersetzung zwischen Niels Bohr und Albert Einstein hat dabei viel zur Klärung der Begriffe beigetragen und wir können uns nun darauf beziehen. Niels Bohr hat seine Erinnerungen in einem lesenswerten

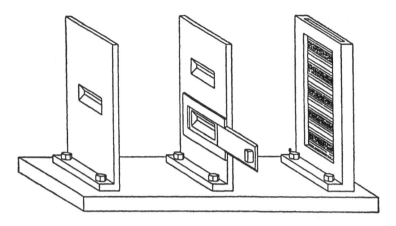

Abb. 5.1. Das Doppelspaltexperiment, skizziert von Niels Bohr(a.a.O)[1]

Artikel zusammengefasst;[2] dabei spielte und spielt das Doppelspaltexperiment eine wesentliche Rolle, weil damit einerseits – für Wellen – Interferenzbilder ganz deutlich erfasst werden können, andererseits – für Teilchen – eine Bahn *entweder* durch den einen *oder* durch den anderen Spalt erkennbar sein muss! Dazu Niels Bohr:

„Einsteins Bedenken und Kritik spornten uns alle in höchst wertvoller Weise dazu an, die verschiedenen Aspekte der Situation bei der Beschreibung atomarer Phänomene einer erneuten Prüfung zu unterziehen. Für mich waren sie ein willkommener Anlaß, die Rolle der Messgeräte noch weiter zu klären; und um den sich wechselseitig ausschließenden Charakter der Versuchsbedingungen, unter denen die komplementären Phänomene auftreten, möglichst deutlich zu veranschaulichen, versuchte ich damals verschiedene Apparate in einem pseudorealistischen Stil zu skizzieren, ...“

Schematisch ist das Doppelspaltexperiment von Niels Bohr in Abb. 5.2 wiedergegeben. Aus der gewöhnlichen Optik ist das Interferenzbild des Doppelspaltes gut bekannt; nun wissen wir aber seit 1905, dass Licht nicht immer nur als Wellenphänomen betrachtet werden kann (siehe Abschn. 2.2).

---

[1] Man beachte die Liebe zum Detail: Selbst die Schraubenköpfe sind genau eingezeichnet!

[2] Niels Bohr: Diskussion mit Einstein über erkenntnistheoretische Probleme in der Atomphysik. In: P. A. Schilpp (Hrsg): Albert Einstein als Philosoph und Naturforscher. Vieweg, Braunschweig (1983), S. 84–119.

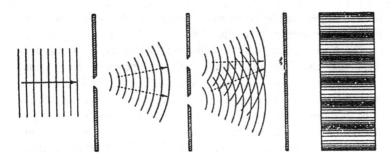

Abb. 5.2. Schematische Darstellung des Doppelspaltexperimentes (nach Niels Bohr)

Das Doppelspaltexperiment scheint aber eine Teilchennatur völlig auszuschließen, denn Teilchen können – wie schon gesagt – nur *entweder* durch den einen *oder* durch den anderen Spalt gehen. Wird aber einer der Spalte geschlossen (gemäß der Vorrichtung aus Abb. 5.1), dann verschwindet das Interferenzbild des Doppelspaltes sofort! Was geschieht aber, wenn wir den Lichtstrahl so sehr abschwächen, dass nach der Teilchenvorstellung nur einzelne Photonen unterwegs sind? Diese können ja jeweils nur an einer einzigen Stelle des Bildschirmes auftreffen! Warten wir lange genug, dann muss sich aber wieder das bekannte Bild einstellen (vorausgesetzt die einzelnen, auftreffenden Photonen werden registriert, durch Zählen oder durch chemische Reaktionen mit lichtempfindlichem Material). Daraus müssen wir aber schließen, dass die auftreffenden Photonen sich anders verhalten, je nachdem ob beide Spalte offen sind oder nur einer! Da (diskrete) Teilchen nicht „durch beide Spalte laufen" können, bleibt als Lösung nur die Annahme, dass sich *die Teilchennatur erst durch die Messung am Bildschirm einstellt*!

All dies war zur Zeit der Streitgespräche zwischen Einstein und Bohr nur als Gedankenexperiment entworfen; heute sind solche Experimente tatsächlich durchgeführt und ergeben genau den geschilderten Sachverhalt.[3] (Freilich sind etwa Neutronen besser geeignet als Photonen, die quantenmechanische Beschreibung gilt ja für *alle* physika-

---

[3] Siehe z. B. H. Rauch: Neutron Quantum Optics. Optik **93** (1993) 137; Reality in Neutron Interference Experiments. Foundations of Physics **23** (1993) 7.

lischen Objekte des Mikrokosmos.[4] Siehe dazu die Beschreibung des Fullerenexperimentes in Abschn. 5.5.8.)

Die Annahme, dass bis zum Zeitpunkt der Messung weder von Teilchen noch von Wellen in eindeutiger Weise gesprochen werden kann,[5] ist selbst experimentell überprüfbar. Wir können nämlich hinter den beiden Spalten Zähler anbringen, die durchgehende Teilchen registrieren, ohne sie dabei zu zerstören. Das Ergebnis ist verblüffend! Niemals sprechen beide Zähler gleichzeitig an, immer entweder der eine oder der andere (von so genannten zufälligen Koinzidenzen abgesehen). Aber das Doppelspaltinterferenzbild verschwindet dadurch! Werden die Zähler wieder entfernt, dann erscheint wieder das Interferenzbild des Doppelspaltes.

Wie können wir das verstehen? Eigentlich ist es eine direkte Folge unserer obigen Annahme; denn wir fragen bei diesem Experiment nach der „Bahn", also nach einem Teilchenbegriff und daher wird *durch die Messung* schon am Ort der Spalten die Teilchennatur „erzeugt", und zwar entweder beim oberen oder beim unteren Spalt, wodurch die Interferenz natürlich verschwindet (wir haben ja nun Teilchen, die sich entweder von einem oder vom anderen Spalt wegbewegen). Auch dieses Experiment – zunächst als Gedankenexperiment konzipiert – ist heute mit großer Präzision durchgeführt und hat obige Ausführungen bestätigt![6]

Fassen wir zusammen: Die physikalischen Objekte des Mikrokosmos zeigen sowohl diskrete (Teilchen-)Eigenschaften als auch kontinuierliche (Wellen-)Eigenschaften. Da diese nicht widerspruchslos vereint werden können, ist es nicht möglich, von der Natur solcher Objekte *un-*

---

[4] Selbstverständlich auch für Elektronen, die meist zur Erklärung des Doppelspaltexperimentes herangezogen werden. Wegen ihrer elektrischen Ladung sind sie jedoch für manche Experimente weniger gut geeignet.

[5] Es sei daran erinnert, dass der Begriff „Teilchen" für lokalisierte (diskrete) Objekte, der Begriff „Welle" für interferenzfähige (kontinuierliche) Objekte steht! Beides ist ideal-typisch gemeint, da die beiden Begriffe trotz ihrer Ausschließlichkeit nicht getrennt werden können; dies ist ja letztlich eine der Aussagen der Quantenmechanik!

[6] X. Y. Zou, L. J. Wang und L. Mandel: Induced coherence and indistinguishability in optical interference. Phys. Rev. Lett. **67** (1991) 318; zusammengefasst in: R. Ruthen: Quantum Pinball. Scientific American, Nov. 1991, S. 17f.

abhängig von ihrer Messung zu sprechen. Erst bei einer Messung stellen sich entweder Teilcheneigenschaften (z. B. eine bestimmte Bahn) oder Welleneigenschaften (z. B. Interferenz) – nicht beide zugleich – ein, sie werden sozusagen erst durch die Messung „hergestellt".

Wenn wir die „Bahn", also den Durchgang durch einen der beiden Spalte, nicht beobachten, wenn wir also Interferenz am Bildschirm beobachten können, dann werden die einzelnen Photonreaktionen (entweder im Zähler oder als chemische Schwärzung) dort zu beobachten sein, wo das Interferenzmuster Maxima aufweist. Wir dürfen nicht davon sprechen, dass die Photonen nur dorthin gelangen, weil sie ja erst durch die Messung als Teilchen kreiert werden; aber wir können feststellen, dass die *Wahrscheinlichkeit* solcher Reaktionen durch das Interferenzmuster bestimmt wird! Das Absolutquadrat der Wellenfunktion, $\psi^*\psi = \varrho(x)$, kann daher *in zweifacher Weise* interpretiert werden: Einerseits ist es die Dichte[7] eines als kontinuierlich aufzufassenden Zustandes (z. B. Elektron), andererseits ist es die Dichte der Aufenthaltswahrscheinlichkeit des zugehörigen diskreten Teilchens. Welche der beiden Interpretationen in einem konkreten Fall zutrifft, hängt von der Art der Messung ab!

So können wir das Elektron im Wasserstoffatom als kleine Kugel vom Radius r_1 (siehe (2.20a)) auffassen, wenn wir das Atom als Ganzes „messen"; wir können aber auch $\varrho(x)$ als Aufenthaltswahrscheinlichkeit eines (punktförmigen) Elektrons auffassen, wenn wir durch ein Experiment den Ort des Elektrons eingrenzen.[8]

Dabei ist besonders wichtig, dass sich „Messen" und „Experiment" nicht auf menschliche Handlungen einschränken lassen! Schon in Abschn. 2.6 haben wir die Unschärferelation zwar aus einem Gedankenexperiment plausibel gemacht, sind dabei aber auf eine grundsätzliche Grenze gestoßen, die – unabhängig vom konkreten Experiment – niemals unterschritten werden kann. Wir wollen nun zeigen, dass eine „Ortsmessung" auch dann vorliegen kann, wenn gar kein Experiment (im engeren Sinne) dafür geplant ist.

---

[7] Im Sinne der „normierten Ladungsdichte" aus Abschn. 2.7.

[8] Beim analogen Fall des Protons entspricht ersteres der Messung der Formfaktoren durch elastische Streuung von Elektronen oder Neutrinos, letzteres der Bestimmung von Konstituenten („Quarks") durch tief inelastische Streuung (der gleichen Projektile).

5.2 Der K-Einfang als Beispiel einer „Ortsmessung"

Beim gewöhnlichen β-Zerfall verwandelt sich ein Atomkern N in einen Tochterkern N', unter Aussendung eines Elektrons e^- und eines Anti-Neutrinos $\bar{\nu}_e$,

$$N \rightarrow N' + e^- + \bar{\nu}_e \ . \tag{5.1}$$

Es gibt aber auch den so genannten β^+-Zerfall, bei dem ein Positron[9] und ein Neutrino emittiert werden; ein Beispiel ist der Zerfall des Silberisotops 102 in Palladium

$$Ag^{102} \rightarrow Pd^{102} + e^+ + \nu_e \ . \tag{5.2}$$

In solchen Fällen tritt als Konkurrenzkanal[10] der so genannte „K-Einfang" auf, bei dem ein Elektron (aus der „K-Schale", d. h. aus dem niedrigsten Energiezustand) im Kern seine Ladung abgibt und als Neutrino emittiert wird.

Wir wählen als Beispiel den Übergang des Lanthanisotops 135 durch K-Einfang in Barium

$$La^{135} + e^- \rightarrow Ba^{135} + \nu_e \ . \tag{5.3}$$

Offensichtlich wird die gesamte Ladung des Elektrons im Kern an ein Proton abgegeben, das sich dadurch in ein Neutron verwandelt; das Elektron wird zum Neutrino und verlässt den Kern mit (nahezu) Lichtgeschwindigkeit. Dies scheint der Tatsache zu widersprechen, die wir in Abschn. 2.7 erarbeitet haben; demnach ist der vom Elektron im Grundzustand eingenommene Raum (beschrieben durch $\varrho_1(r)$ und den Bohrschen Radius[11] $\hbar^2/(Zme^2)$) das von der Unschärferelation gerade erlaubte Minimum! Kleiner kann die Ladungsverteilung nicht werden, ohne in Widerspruch mit der Unschärferelation zu kommen. Dennoch findet der Prozess (5.3) im Inneren des Kernes statt, der um viele Größenordnungen kleiner ist als das Atom.

---

[9] Das Positron ist das (positiv geladene) „Anti-Teilchen" des Elektrons; es hat gleiche Masse und gleichen Spin und vernichtet sich zusammen mit einem Elektron in elektromagnetische Energie (Photonen).

[10] Wenn nicht genügend Massendifferenz zwischen Mutter- und Tochterkern vorhanden ist, um die Masse des Elektrons daraus zu gewinnen, kann der K-Einfang auch der einzige offene Kanal sein.

[11] Z ist dabei die Kernladungszahl des Mutterkernes.

Um dieses Problem zu lösen, müssen wir wieder daran erinnern, dass sich Wellen- oder Teilcheneigenschaften erst durch die Messung manifestieren! Die beiden Elektronen der K-Schale sind tatsächlich im oben angegebenen Raum „verschmiert", das heißt dort kontinuierlich verteilt. Aber der Atomkern stellt wegen der Möglichkeit der Reaktion (5.3) im verallgemeinerten Sinn ein „Messgerät" dar, das ständig eine Ortsmessung durchführt.[12] Das Elektron der K-Schale hat eine gewisse Wahrscheinlichkeit, am Ort des Kernes als Teilchen – d. h. als diskreter, punktförmiger Zustand – gemessen zu werden. Nach dem im vorigen Abschnitt Besprochenen ist diese Wahrscheinlichkeit gegeben durch den Anteil der Dichtefunktion innerhalb des Kernes, also

$$W_K = 4\pi \int_0^R r^2 dr \cdot \varrho_1(r) \, , \tag{5.4}$$

R ist der Radius des Kernes. Da diese Wahrscheinlichkeit sehr gering ist, bleibt das Elektron für eine gewisse Zeit unberührt. Irgendwann – immer im Rahmen der Wahrscheinlichkeit – wird es jedoch im Kern „gemessen", d. h. die Reaktion (5.3) findet statt und zwar mit einem durch die „Messung" manifest punktförmigen Elektron, das ja im selben Augenblick seine Ladung abgibt und als Neutrino emittiert wird (wegen des dabei entstehenden großen Impulses liegt für das Neutrino kein Widerspruch zur Unschärferelation vor). Tatsächlich stellt sich heraus, dass die Wahrscheinlichkeit des ganzen K-Einfangprozesses proportional zu W_K ist![13]

Diese Zustandsänderung durch eine Messung wird *nicht* durch die Schrödingergleichung beschrieben, sie liegt *außerhalb* des mathematischen Formalismus (die Tatsache, dass die Quantenmechanik solcher Interpretation bedarf, war einer der Gründe für ihre Ablehnung durch einige Autoren). „Reduktion des Wellenpakets", „Kollaps der Wellenfunktion" oder einfach „**Quantensprung**" sind einige Namen für das Geschehen beim Messvorgang.

---

[12] Eine Messung im allgemeinen Sinn ist jede Wechselwirkung zweier physikalischer Objekte, von denen wenigstens eines klassisch beschrieben werden muss. (Näheres dazu in Abschn. 5.8.)

[13] Hinzu kommen auch andere Faktoren, z. B. die Wahrscheinlichkeit für den fundamentalen Prozess der Schwachen Wechselwirkung, $p + e^- \rightarrow n + \nu_e$, oder – in noch kleineren Dimensionen – für u- (up-) und d- (down-) Quarks, $u + e^- \rightarrow d + \nu_e$.

Da die „Teilcheneigenschaften", also punktartige Lokalisation, auch durch Ortseigenfunktionen (siehe (4.4)) darstellbar sind, stellen wir auch fest: Durch die Ortsmessung ist der Zustand des Elektrons in einen Ortseigenzustand übergegangen. Wir werden sehen, dass dies nicht nur für Ortsmessungen gilt!

5.3 Das dritte Postulat des quantenmechanischen Messprozesses

Wir wollen nun das bisher Beschriebene auch mathematisch formulieren; dazu beschränken wir uns der Einfachheit halber zunächst auf diskrete Spektren und verallgemeinern auf den kontinuierlichen Fall, wenn dies nötig wird.

Unser Problem des Quantensprunges tritt gerade dann auf, wenn wir einen Eigenzustand eines Operators haben und eine Größe messen wollen, deren zugehöriger Operator mit dem ursprünglichen nicht vertauschbar ist.[14,15]

Nun haben wir aber im (kurzen) Abschn. 3.3 schon alle notwendigen mathematischen Voraussetzungen dargelegt! Gemäß (3.4) lässt sich jede Funktion (der Definitionsmenge) nach Eigenfunktionen entwickeln. Adaptiert für den obigen, kontinuierlichen Fall heißt dies, dass

$$\varrho(x) = \int d^3\xi \cdot \varrho(\xi) \cdot \delta^3(x - \xi) \,, \tag{5.5}$$

wobei

$$\delta^3(x - \xi) = \delta(x_1 - \xi_1) \cdot \delta(x_2 - \xi_2) \cdot \delta(x_3 - \xi_3) \tag{5.6}$$

die dreidimensionalen Ortseigenfunktionen sind (siehe (4.4)).

---

[14] Wären die beiden Operatoren vertauschbar, dann gäbe es natürlich gemeinsame Eigenfunktionen (siehe 3.11) und die beiden Postulate aus Abschn. 4.2 würden genügen.

[15] Im obigen Beispiel wollen wir den Ort an einem Energieeigenzustand messen. Offensichtlich sind die ϱ_n zwar als normierte Ladungsdichten zu interpretieren, machen aber *zunächst* keine Aussage über Ort und Impuls des Elektrons, da die ψ_n Energieeigenfunktionen und daher *keine* Orts- oder Impulseigenfunktionen sind. Das zweite Postulat aus Abschn. 4.2 hilft uns also nicht weiter.

Gemäß (5.4) sind die Koeffizienten der Eigenfunktionen als Wahrscheinlichkeitsdichte zu interpretieren. *Durch die Messung wird das System in den zugehörigen Eigenzustand versetzt!*
Somit können wir das dritte Postulat (für diskrete Spektren) formulieren:

3. Postulat:

Wollen wir eine Messgröße an einem System bestimmen, das nicht durch eine Eigenfunktion des zugehörigen Operators beschrieben werden kann, dann müssen wir die Zustandsfunktion nach den Eigenfunktionen des Operators entwickeln. Die Absolutquadrate der Entwicklungskoeffizienten sind die Wahrscheinlichkeiten,[16] an dem System den zugehörigen Eigenwert zu messen. Nach der Messung befindet sich das System im zugehörigen Eigenzustand!

Das wesentliche Element der Quantenmechanik ist nun ersichtlich: Da wir Wellenfunktionen entwickeln, Wahrscheinlichkeiten aber deren Absolutquadrat sind, erhalten wir automatisch Interferenzterme, was an einem ganz einfachen Beispiel nochmals illustriert sei. Dazu nehmen wir an, dass in (3.4) nur zwei Terme beitragen, also

$$\varphi(x) = c_1 \cdot u_1(x) + c_2 \cdot u_2(x) . \tag{5.7}$$

Die Wahrscheinlichkeitsdichte ist dann

$$|\varphi(x)|^2 = |c_1 \cdot u_1(x)|^2 + |c_2 \cdot u_2(x)|^2$$
$$+ c_1 c_2^* \cdot u_1 u_2^* + c_1^* c_2 \cdot u_1^* u_2 \tag{5.8}$$

mit den gemischten Interferenzgliedern. Aus dem dritten Postulat folgt aber, dass durch eine Messung jener Größe, zu deren zugehörigem Operator die u_l Eigenfunktionen sind, der Zustand φ in einen der Zustände u_l „umschlägt", wodurch die Interferenz verschwindet,

$$\varphi(x) \Rightarrow u_1(x) \qquad \text{Wahrsch. } |c_1|^2 ,$$

$$\varphi(x) \Rightarrow u_2(x) \qquad \text{Wahrsch. } |c_2|^2 .$$

Dieser „Quantensprung" wird – wie erwähnt – nicht durch eine Bewegungsgleichung beschrieben!

---

[16] Wir setzen voraus, dass alle Zustandsfunktionen normiert sind, siehe (3.3).

Werner Heisenberg schreibt dazu:[17]

„Einer bestimmten Wirkung eine bestimmte Ursache zuzuordnen, hat nur dann einen Sinn, wenn wir Wirkung und Ursache beobachten können, ohne gleichzeitig in den Vorgang störend einzugreifen. Das Kausalgesetz in seiner klassischen Form kann also seinem Wesen nach nur für abgeschlossene Systeme definiert werden. In der Atomphysik ist aber im allgemeinen mit jeder Beobachtung eine endliche, bis zu einem gewissen Grade unkontrollierbare Störung verknüpft, wie dies in der Physik der prinzipiell kleinsten Einheiten auch von vornherein zu erwarten war. ... Dieser Sachlage entspricht in dem Formalismus der Theorie, dass zwar ein mathematisches Schema der Quantentheorie existiert, dass dieses Schema aber nicht als einfache Verknüpfung von Dingen in Raum und Zeit gedeutet werden kann."

5.4 Erstes Beispiel: Der Stern-Gerlach-Versuch

Am einfachsten wird die Situation, wenn es sich um Quantenzahlen handelt, die nur zwei Werte annehmen können (wie in (5.7)). Bekanntestes Beispiel[18] ist das magnetische Moment von Teilchen mit Spin $\hbar/2$. Es hat bezüglich eines äußeren Magnetfeldes nur die beiden Einstellungsmöglichkeiten „parallel" oder „anti-parallel".

Schon 1921 haben Stern und Gerlach ein entsprechendes Experiment durchgeführt: sie ließen einen Strahl von Silberatomen[19] durch ein (inhomogenes) Magnetfeld in z-Richtung laufen und beobachteten eine Aufspaltung des Strahles in zwei Sekundärstrahlen. Diese entsprechen den beiden Einstellungsmöglichkeiten des magnetischen Moments (bzw. des Spins, der mit dem magnetischen Moment korreliert).

Stellen wir uns nun vor, einer der beiden Strahlen hinter einem Stern-Gerlach-Magnet (z. B. der mit anti-parallelem Spin) werde aus-

---

[17] Werner Heisenberg: Die physikalischen Prinzipien der Quantentheorie. a. a. O., S. 48.

[18] Ein anderes schönes Beispiel sind die neutralen K-Mesonen, die entweder als „starke" Eigenzustände K und K̄ oder als „schwache" Eigenzustände K_S und K_L auftreten und ineinander übergehen.

[19] 1927 wurde das Experiment von Phipps und Taylor auch mit Wasserstofatomen durchgeführt; dabei kann der Einfluss des Protonspins vernachlässigt werden, da das zugehörige magnetische Moment etwa 2000 mal kleiner ist (genauer: im Verhältnis m_e/m_p).

geblendet. Dann haben wir einen Eigenzustand des Spins z. B. in z-Richtung. Wir wissen also, dass alle Spins parallel zur z-Achse liegen. Nun lassen wir diesen Strahl ein weiteres Magnetfeld durchlaufen, diesmal aber senkrecht zum ersten, sagen wir in x-Richtung. Nach dem Magnet ist der Strahl wiederum aufgespalten, aber in einen *zur x-Achse* parallelen und einen dazu anti-parallelen! Aus Symmetriegründen müssen die beiden Strahlen gleiche Intensität aufweisen. Wir wollen – in Übereinstimmung mit der oben eingeführten Sprechweise – sagen, die Wahrscheinlichkeit, in einem Eigenzustand des Spins parallel zur z-Achse einen Spin parallel (oder anti-parallel) zur x-Achse zu finden ist jeweils 50%.

Das bisher nur verbal Geschilderte wollen wir nun auch mathematisch formulieren, so wie dies in (5.7) und dem Folgenden beschrieben ist.[20] Dazu nehmen wir an, die Eigenzustände des Spins parallel und anti-parallel zur z-Achse seien dargestellt durch die beiden Einheitsvektoren

$$z\text{-parallel}: \quad \eta_+ = \begin{pmatrix} 1 \\ 0 \end{pmatrix}, \tag{5.9a}$$

$$z\text{-antiparallel}: \quad \eta_- = \begin{pmatrix} 0 \\ 1 \end{pmatrix}. \tag{5.9b}$$

Wir wollen parallele und anti-parallele Lage des Spins durch die Eigenwerte ± 1 bezeichnen, so dass der zugehörige Operator die Gestalt

$$\sigma_z = \begin{pmatrix} 1 & 0 \\ 0 & -1 \end{pmatrix} \tag{5.10}$$

hat (siehe (3.8)). σ_z ist mit der z-Komponente des Spins s_z verknüpft durch

$$s_z = \frac{\hbar}{2} \cdot \sigma_z, \tag{5.11}$$

da die Eigenwerte des Spins gerade $\pm \hbar/2$ sein müssen.

Wir werden später sehen, dass die x-Richtung des Spins dargestellt werden kann durch die Matrix

$$\sigma_x = \begin{pmatrix} 0 & 1 \\ 1 & 0 \end{pmatrix}, \tag{5.12}$$

---

[20] Der Rest dieses Abschnitts und der nächste können ohne Schaden für das qualitative Verständnis übersprungen werden.

wobei eine zu (5.11) analoge Verknüpfung mit s_x gilt. Die beiden Eigenvektoren zu σ_x mit Eigenwerten $+1$ (parallel) und -1 (anti-parallel) sind schon in (3.10) dargestellt.

Nun müssen wir gemäß dem dritten Postulat η_+ nach diesen Eigenvektoren $\xi_\pm$ entwickeln und erhalten

$$\eta_+ = \frac{1}{\sqrt{2}}\xi_+ + \frac{1}{\sqrt{2}}\xi_- \ . \tag{5.13}$$

Ein Vergleich mit (5.7) zeigt sofort, dass die beiden Wahrscheinlichkeiten, einen Zustand parallel oder anti-parallel zur x-Achse zu finden, jeweils $1/2$, also 50% betragen!

5.5! Zweites Beispiel: Der harmonische Oszillator

Wir wollen noch ein Beispiel betrachten, bei dem (abzählbar) unendlich viele Eigenwerte vorliegen, bei dem also die Summe in (3.4) eine unendliche ist. Unser Beispiel ist der harmonische Oszillator; wir müssen dabei einen Zustand betrachten, der nicht unter den Eigenzuständen ψ_n (siehe (4.38)) zu finden ist, wollen wir doch das dritte Postulat erläutern.

Dazu wählen wir einen Zustand, der in seiner Form dem Grundzustand entspricht, der aber nicht symmetrisch um den Ursprung verteilt ist, sondern um einen Abstand d verschoben wurde. Dieser Zustand nimmt also auch – so wie der Grundzustand – den kleinsten Raum ein, der von der Unschärferelation zugelassen wird.[21] Gemäß (4.36) schreiben wir also

$$\psi_d(x) = \left(\frac{\omega m}{\pi \hbar}\right)^{\frac{1}{4}} \cdot e^{-\omega m \cdot (x-d)^2/(2\hbar)} \ . \tag{5.14}$$

Wenden wir den Vernichtungsoperator a (siehe (4.24a)) auf den Zustand ψ_d an, so erhalten wir

$$a \cdot \psi_d(x) = \sqrt{\frac{\omega m}{2}} d \cdot \psi_d(x) \ . \tag{5.15}$$

---

[21] Er erfüllt sozusagen die Unschärferelation optimal.

ψ_d ist also – formal – Eigenzustand des Vernichtungsoperators;[22] dieser ist aber nicht hermitesch, der Abstand d ist also keine Messgröße!

Wir wollen nun den Zustand (5.14) gemäß dem dritten Postulat nach Energieeigenzuständen des harmonischen Oszillators entwickeln und schreiben analog zu (3.4)

$$\psi_d(x) = \sum_{n=0}^{\infty} c_n \cdot \psi_n(x) \,. \tag{5.16}$$

Die c_n sind dann gemäß (3.5)

$$c_n = \int dx \psi_n^*(x) \cdot \psi_d(x) \,. \tag{5.17}$$

Nun können wir (4.37) iterieren (d. h. n mal anwenden) und komplex konjugieren, um ψ_n^* durch ψ_0^* auszudrücken. Mit (3.19) wird daraus

$$c_n = \frac{1}{\sqrt{\hbar^n n!}} \int dx \psi_0^*(x) \cdot a^n \psi_d(x) \tag{5.18}$$

und mit (5.15)

$$a^n \cdot \psi_d(x) = \left(\frac{\omega m d^2}{2} \right)^{n/2} \cdot \psi_d(x) \,. \tag{5.19}$$

Unter Verwendung von (4.35) berechnen wir

$$c_n = e^{-\omega m d^2 / (4\hbar)} \cdot \left(\frac{\omega m d^2}{2\hbar} \right)^{n/2} \cdot \frac{1}{\sqrt{n!}} \,, \tag{5.20}$$

und die **Wahrscheinlichkeit**, den Energiewert E_n im Zustand ψ_d zu messen, ist

$$|c_n|^2 = e^{-\omega m d^2 / (2\hbar)} \cdot \left(\frac{\omega m d^2}{2\hbar} \right)^{n} \cdot \frac{1}{n!} \,. \tag{5.21}$$

Eine Wahrscheinlichkeitsverteilung der allgemeinen Form

$$w(n) = \frac{a^n e^{-a}}{n!} \tag{5.22}$$

---

[22] Eigenzustände des Vernichtungsoperators, die die Unschärferelation optimal erfüllen, heißen „kohärente Zustände"; sie spielen in vielen Gebieten der Quantenmechanik eine wichtige Rolle.

heißt **Poisson-Verteilung**, und wir stellen an diesem Beispiel fest, dass die Verteilung der Energiewerte im verschobenen Grundzustand einer Poisson-Verteilung folgt.[23]
Interessanter als die Wahrscheinlichkeit für das Ergebnis einer Einzelmessung ist der Mittelwert über viele Messungen. Im Fall der Poisson-Verteilung ist er a (aus (5.22)). Wir fragen nun, wie wir Mittelwerte aus einem Zustand direkt berechnen können.

5.6 Erwartungswerte

Das zweite und dritte Postulat des quantenmechanischen Messprozesses kann durch den Begriff **Erwartungswert** zusammengefasst werden. Fragen wir zunächst, wie wir den Mittelwert über viele Messungen einfach bestimmen können, wenn ein Zustand – wie in Abschn. 5.4 und 5.5! – nicht Eigenzustand des zugehörigen Operators ist.

Wir beziehen uns wieder auf die allgemeine Eigenwertgleichung (3.2) und die Entwicklung (3.4). Werden viele Messungen der zu Ω gehörenden Messgröße am Zustand $\varphi(x)$ ausgeführt, dann ist der Mittelwert gegeben durch

$$\bar{\omega} = \sum_n \omega_n |c_n|^2 \ . \tag{5.23}$$

Wir betrachten nun das Integral $\int \mathrm{d}x \varphi^*(x)\Omega\varphi(x)$, ersetzen φ und φ^* gemäß (3.4) und erhalten wegen der Orthonormierung (3.3)

$$\int \mathrm{d}x \cdot \varphi^*\Omega\varphi = \sum_{n,m} \int \mathrm{d}x \cdot u_m^* c_m^* \omega_n c_n u_n = \sum_{n,m} c_m^* \omega_n c_n \delta_{nm}$$

$$= \sum_n \omega_n |c_n|^2 \ ,$$

so dass wir nun den Erwartungswert (oder Mittelwert über viele Messungen) schreiben können als

$$\bar{\omega} = \int \mathrm{d}x \varphi^*(x)\Omega\varphi(x) \ . \tag{5.24}$$

---

[23] Die Poisson-Verteilung tritt bei quantenmechanischen Problemen sehr häufig auf.

Im Allgemeinen werden Messungen an quantenmechanischen Systemen einen Erwartungswert im Sinne eines Mittelwertes bestimmen; das heißt aber nicht (wie manchmal fälschlich behauptet), dass die Quantenmechanik nicht auf Einzelereignisse anwendbar ist![24] Denn (5.23) gilt auch für Eigenzustände! Ist $\varphi(x)$ ein Eigenzustand zum Eigenwert ω_n, dann ist in der Summe aus (5.23) $c_n = 1$, alle anderen sind 0. Der Erwartungswert fällt dann mit dem Eigenwert zusammen. Der Erwartungswert ist also sozusagen eine vereinheitlichte Beschreibung des zweiten und dritten Postulats des quantenmechanischen Messprozesses.

5.7 Der „Welle-Teilchen-Dualismus"

Wir haben nun alle wesentlichen Begriffsbildungen der Quantenmechanik kennen gelernt und wollen nochmals die neuartige Gedankenwelt zusammenfassen: Ausgehend von der Gegenüberstellung von Begriffen der Kontinuumsphysik und der Physik der diskreten Massenpunkte (oder Teilchen) (Kap. 1) haben wir zwei Atommodelle konstruiert (Abschn. 2.5 und 2.7), die in folgender Hinsicht **komplementär** sind: Jedes der Modelle kann nur einen Teil der experimentell gesicherten Phänomene erklären, erst zusammen ergeben sie ein vollständiges Bild.

Da die beiden Modelle aber nicht widerspruchsfrei vereint werden können, mussten wir den mathematischen Formalismus, der (auf unserem Niveau) widerspruchsfrei ist, durch eine Interpretation des Messprozesses ergänzen, die die beiden widersprüchlichen Seiten des Ganzen (diskret und kontinuierlich) enthält; der Messprozess selbst ist daher im mathematischen Formalismus nicht enthalten,[25] er bildet die notwendige Ergänzung zur Beschreibung quantenmechanischer Phänomene. Als **Quantensprung** (oder „Reduktion des Wellenpakets" oder „Kollaps der Wellenfunktion") stellt er gewissermaßen den Übergang (und daher die Verbindung) zwischen diskreten und kontinuierlichen Aspekten her.

---

[24] So hat etwa im Jahre 1973 ein einziges Ereignis der elastischen Streuung $\bar{\nu}_\mu e \to \bar{\nu}_\mu e$ zur Entdeckung der „Neutralen Schwachen Ströme" geführt; siehe dazu F. J. Hasert et.al., Phys. Lett. **46B** (1973) 121.

[25] In diesem Sinne haben jene Kritiker Recht, die bemängeln, die Quantenmechanik sei nicht vollständig!

Aus historischen Gründen werden die beiden komplementären Aspekte (kontinuierlich und diskret) mit den Begriffen „Welle" und „Teilchen" verbunden; wegen ihrer „widersprüchlichen Vereinigung" spricht man daher vom „Welle-Teilchen-Dualismus". Damit ist gemeint, dass wir in konkreten Beispielen die Wellenfunktion entweder statistisch (Aufenthaltswahrscheinlichkeit des Elektrons als „Teilchen") oder als Verteilung (Ladungsdichte des „verschmierten" Elektrons) interpretieren können. Wichtig ist aber, dass auf keine der beiden Interpretationen verzichtet werden kann, weil sich sonst Fehler einstellen.

In seinem Buch „Die physikalischen Prinzipien der Quantentheorie" schreibt Werner Heisenberg dazu im Vorwort:[26]

„In der Darstellung ist besonderer Wert auf die Gleichberechtigung der Korpuskular- und der Wellenvorstellung gelegt, die ja neuerdings auch im Formalismus der Theorie klar zum Ausdruck kommt. Diese weitgehende Symmetrie des Buches in Bezug auf die Wörter ‚Partikel' und ‚Welle' soll unter anderem auch dartun, dass man etwa in der Frage nach der Gültigkeit des Kausalgesetzes oder in anderen prinzipiellen Fragen nichts gewinnt, wenn man von der einen Vorstellungsweise zur anderen übergeht."

Wir haben in Abschn. 5.1 davon gesprochen, dass sich beim Doppelspaltexperiment die Teilchennatur erst durch die Messung am Bildschirm einstellt und dass vorher weder von Teilchen noch von Wellen in eindeutiger Weise gesprochen werden kann. Das hat immer wieder zur Meinung geführt, die Quantenmechanik könne subjektive Aspekte des Beobachters miteinbeziehen. Am Ende von Abschn. 5.1 haben wir dies schon ausgeschlossen, aber Wolfgang Pauli hat dies besonders deutlich formuliert:[27]

„Die Phänomene haben somit in der Atomphysik eine neue Eigenschaft der *Ganzheit*, indem sie sich nicht in Teilphänomene zerlegen lassen, ohne das ganze Phänomen dabei jedes Mal wesentlich zu ändern.
Hat der physikalische Beobachter einmal seine Versuchsanordnung gewählt, so hat er keinen Einfluss mehr auf das Resultat der Messung, das objektiv registriert allgemein zugänglich vorliegt. Subjektive Eigenschaften des Beobachters oder sein psychischer Zustand gehen in die Naturgesetze der Quantenmechanik ebensowenig ein wie in die der klassischen Physik."

---

[26] W. Heisenberg, a. a. O., S. V.
[27] W. Pauli: Physik und Erkenntnistheorie. a. a. O., S. 115.

Und Wolfgang Pauli fand die neue Begriffswelt der Quantenmechanik nicht als unbefriedigend, er schrieb:[28]

„Der Verfasser gehört zu den Physikern, welche glauben, dass die neue, der Quantenmechanik zu Grunde liegende erkenntnistheoretische Situation befriedigend ist, und zwar sowohl vom Standpunkt der Physik als auch von dem weiteren Standpunkt der menschlichen Erkenntnis im allgemeinen."

5.8 Schrödingers Katze und der Heisenbergsche Schnitt

In Abschn. 5.2 haben wir (in Fußnote 12) festgehalten, eine Messung (im verallgemeinerten Sinn) sei eine Wechselwirkung zweier physikalischer Objekte, von denen wenigstens eines klassisch beschrieben werden muss. (Wir interessieren uns hier selbstverständlich nur für den Fall, dass mindestens eines der Objekte quantenmechanisch beschrieben wird.)

Wir wollen nun untersuchen, warum die klassische Beschreibung eines der Objekte gefordert werden muss. Die Bewältigung des Widerspruches zwischen Welle und Teilchen (oder kontinuierlich und diskret) haben wir doch durch das Postulat erreicht, die Eigenschaften eines quantenmechanischen Objektes seien von ihrer Messung nicht zu trennen! (Erst durch die Messung kann sinnvoll von Eigenschaften – Messgrößen – gesprochen werden.) Der Messprozess selbst wird aber durch die Bewegungsgleichungen nicht beschrieben, er ist als „Interpretation" dem mathematischen Apparat, der die quantenmechanische Beschreibung definiert, hinzuzufügen. In diesem Sinne ist der mathematische Apparat „unvollständig". Wenn bei einer Wechselwirkung beide Objekte quantenmechanisch beschrieben werden, dann bedarf es demnach eines dritten Objektes, das von dieser Beschreibung nicht erfasst wird, um überhaupt von Messung sprechen zu können, da sie eben nicht durch den mathematischen Formalismus zu erfassen ist.

Wir können auch sagen: Da die Messung außerhalb der mathematischen Beschreibung liegt (sie wird ja als Interpretation hinzugefügt), dürfen Messinstrumente nicht quantenmechanisch beschrieben werden.

---

[28] W. Pauli, a. a. O., S. 61.

Erst dadurch wird garantiert, dass Messergebnisse „objektiv vorliegen", wie Pauli es im obigen Zitat formuliert hat.[29]

Eine dritte Möglichkeit, dies einzusehen, ist der Hinweis auf die Komplementarität von diskret und kontinuierlich (oder den Welle-Teilchen-Dualismus) im Anwendungsbereich der Quantenmechanik. In der Physik des Alltags[30] tritt sie aber nicht auf, dort ist alles *entweder* diskret *oder* kontinuierlich, *entweder* Teilchen *oder* Welle! Daher muss es beim Übergang von quantenmechanischen Systemen zur Physik des Alltags einen Bruch geben, der die beiden Bereiche trennt.

Formal wird dies durch die zur Interpretation hinzugefügte Forderung erledigt, wonach *Messgeräte klassisch zu beschreiben sind*. Allerdings wird dabei nicht festgelegt, was als Messinstrument zu gelten hat. Der angesprochene Bruch zwischen quantenmechanischer und klassischer Beschreibung heißt auch **Heisenbergscher Schnitt**.

Hier die klare und deutliche Darstellung von Wolfgang Pauli:[31]

„Sicher aber ist, dass die moderne Physik die alte Gegenüberstellung von erkennendem Subjekt auf der einen Seite zu dem erkannten Objekt auf der anderen Seite verallgemeinert zu der Idee des *Schnittes* zwischen Beobachter oder Beobachtungsmittel und dem beobachteten System. Während die *Existenz* eines solchen Schnittes eine notwendige Bedingung menschlicher Erkenntnis ist, fasst sie die *Lage* des Schnittes als bis zu einem gewissen Grade willkürlich und als Resultat einer durch Zweckmäßigkeitserwägungen mitbestimmten, also teilweise freien Wahl auf."

Um die Schwierigkeiten zu verdeutlichen, die diese Situation mit sich bringt, hat Erwin Schrödinger mit seiner berühmten **Katze** die Paradoxien aufgezeigt, die sich einstellen, wenn man diesen Bruch (den Heisenbergschen Schnitt) nicht akzeptiert und auch Messinstrumente sowie Gegenstände des Alltags quantenmechanisch beschreiben will.

---

[29] Die mathematische Beschreibung liefert ja zunächst oft nur Wahrscheinlichkeiten für mehrere, mögliche Ergebnisse, die tatsächliche Messung aber „objektiv registrierte", eindeutige.

[30] Im so genannten „Mesokosmos".

[31] Wolfgang Pauli: Der Einfluss archetypischer Vorstellungen auf die Bildung naturwissenschaftlicher Theorien bei Kepler. In: C. G. Jung und W. Pauli: „Naturerklärung und Psyche". Rascher, Zürich (1952).

Ich will den Schrödingerschen Text in seiner Deutlichkeit und Kürze hier wörtlich zitieren:[32]

„Man kann auch ganz burleske Fälle konstruieren. Eine Katze wird in eine Stahlkammer gesperrt, zusammen mit folgender Höllenmaschine (die man gegen den direkten Zugriff der Katze sichern muss): in einem *Geiger*schen Zählrohr befindet sich eine winzige Menge radioaktiver Substanz, *so wenig*, dass im Lauf einer Stunde *vielleicht* eines von den Atomen zerfällt, ebenso wahrscheinlich aber auch keines; geschieht es, so spricht das Zählrohr an und betätigt über ein Relais ein Hämmerchen, das ein Kölbchen mit Blausäure zertrümmert. Hat man dieses ganze System eine Stunde lang sich selbst überlassen, so wird man sich sagen, dass die Katze noch lebt, *wenn* inzwischen kein Atom zerfallen ist. Der erste Atomzerfall würde sie vergiftet haben. Die ψ-Funktion des ganzen Systems würde das so zum Ausdruck bringen, dass in ihr die lebende und die tote Katze zu gleichen Teilen gemischt oder verschmiert sind.“

Aus diesem Erklärungsversuch geht wohl schon hervor, dass es keine exakte Regel gibt, wo der Heisenbergsche Schnitt anzubringen ist. Bei theoretischen Berechnungen löst sich das Problem sehr schnell von selbst, da eine quantenmechanische Beschreibung größerer, zusammengesetzer Objekte meist zu kompliziert und daher unmöglich wird.[33]

Wie weit die quantenmechanische Beschreibung komplexer Objekte sinnvoll ist, kann daher nur das Experiment entscheiden. Gegenwärtig sind die größten Objekte, an denen eindeutig Interferenzphänomene nachgewiesen wurden,[34] C_{60}- und C_{70}-Moleküle, so genannte „Fullerene“, die aus 60 (bzw. 70) fußballähnlich angeordneten Kohlenstoffatomen bestehen.

---

[32] Erwin Schrödinger: Die Naturwissenschaften **23** (1935) 807, 823, 844; §5 siehe dazu auch D. Home und R. Chattopadhyaya, Phys. Rev. Lett. **76** (1996) 2836.

[33] So sind etwa schon bei der Berechnung des Wasserstoffmoleküls H_2 im Rahmen der so genannten „Born-Oppenheimer-Näherung“ die beiden Kerne (die Protonen) klassisch zu behandeln, siehe Abschn. 7.4.

[34] Markus Arndt et.al., Nature **401** (1999) 680; O. Nairz, M. Arndt, A. Zeilinger: „Quantum interference experiments with large molecules“, Am. J. Phys. (in Vorbereitung).

In einem allgemein verständlichen Artikel beschreiben Arndt und Nairz[35] dieses von Anton Zeilinger initiierte, bahnbrechende Experiment. Darin heißt es:

„In der *Quantenwelt* findet man die Möglichkeit zur Superposition von Zuständen, Komplementarität, Unschärfe, Nichtlokalität und Verschränkung. Demgegenüber steht die klassische oder *Alltagswelt*, in der ein Objekt mit Sicherheit nur an einem Ort zu finden ist, einen gleichzeitig wohl definierten Ort und Impuls besitzt und meist als vom Beobachter unbeeinflusst betrachtet werden kann. Wenn aber nun die Quantenmechanik eine universell gültige Theorie ist, warum sehen wir keine ihrer seltsamen Eigenschaften im täglichen Leben? ...
Gibt es fundamentale Grenzen für die Kohärenz von de Broglie-Wellen, noch weit vor der Relevanz des simplen Größenarguments? Wo ist die Grenze? Kann man sie verschieben? Wie vollzieht sich der Übergang? Wird eventuell die Beschränkung nicht durch die Eigenschaften des Objekts sondern eher durch seine Wechselwirkung mit der Umgebung verursacht ...?"

Diese Fragen werden durch das genannte Experiment mit Fullerenen zwar nicht endgültig beantwortet, aber doch zumindest einer Lösung näher gebracht. Das Experiment ist in Analogie zum Doppelspaltexperiment (Abb. 5.1 und 5.2) aufgebaut und in Abb. 5.3 dargestellt. Statt des Schirmes nach dem Spalt gibt es einen ortsauflösenden Detektor, der mittels Ionisation der Fullerene durch einen Laser ein Zählen ermöglicht.

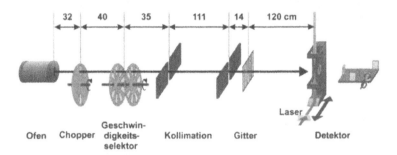

Abb. 5.3. Funktionsskizze der Apparatur zum Nachweis der Fullerenbeugung. (Nach M. Arndt und O. Nairz, a. a. O.)

[35] Markus Arndt und Olaf Nairz: Grenzgänger: Welle-Teilchen-Dualismus von C_{60}. Plus Lucis **3/99** (1999) 5, im Internet: http://pluslucis.univie.ac.at.

Statt des Doppelspaltes wird ein Beugungsgitter verwendet. Die Gegenüberstellung des Fullerensignales mit und ohne Gitter zeigt deutlich das Auftreten von Seitenmaxima durch die Beugung am Gitter (Abb. 5.4).

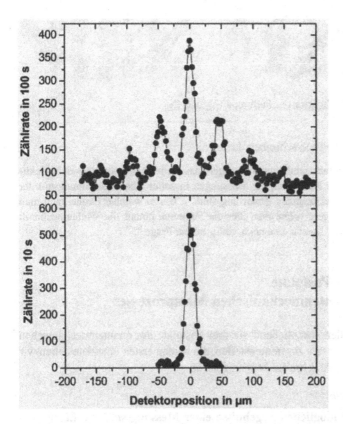

Abb. 5.4. Fullerensignal als Funktion der Detektorposition. Unten: kollimierter Strahl ohne Gitter; oben: kollimierter Strahl mit Beugungsgitter im Strahlengang. (Nach M. Arndt und O. Nairz, a. a. O.)

Abbildung 5.5 zeigt die Objekte, die in diesem Experiment ihre Interferenzfähigkeit (und damit ihren Wellen- oder Kontinuumscharakter) offenbaren mussten.

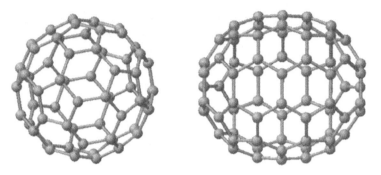

Abb. 5.5. Struktur der Fullerene C_{60} und C_{70}

Die Autoren schreiben dazu:

„Zusammenfassend kann man sagen, dass selbst bei so komplexen Molekülen wie den Fullerenen die Messungen in voller Übereinstimmung mit der quantenmechanischen Erwartung sind. ... Bis zu welcher Größe kann man noch gelangen, wenn man über die Fullerene hinaus die Wellenmechanik testen will? Das ist eine noch völlig offene Frage."

5.9 Die Postulate des quantenmechanischen Messprozesses

Wir wollen abschließend die drei Postulate des quantenmechanischen Messprozesses zusammenstellen, die beiden ersten Postulate haben wir bereits in Abschn. 4.2 kennen gelernt:

1. Postulat:

> **Die möglichen Ergebnisse einer Messung sind die Eigenwerte des zugehörigen Operators.**

2. Postulat:

> **Befindet sich ein System in einem Eigenzustand u_n eines Operators Ω, siehe (3.2), so führt die Messung der zugehörigen Messgröße mit Sicherheit zum zugehörigen Eigenwert ω_n.**

3. Postulat:

> **Wollen wir eine Messgröße an einem System bestimmen, das nicht durch eine Eigenfunktion des zugehörigen Operators beschrieben werden kann, dann müssen wir die Zustandsfunktion nach den Eigenfunktionen des Operators entwickeln. Die Absolutquadrate der Entwicklungskoeffizienten sind die Wahrscheinlichkeiten, an dem System den zugehörigen Eigenwert zu messen. Nach der Messung befindet sich das System im zugehörigen Eigenzustand!**

Der „Quantensprung" in einen Eigenzustand durch die Messung wird durch den mathematischen Formalismus *nicht* beschrieben (siehe dazu auch Abschn. 8.1). In diesem Sinne ist er „unvollständig", er bedarf der Ergänzung durch eine Interpretation.

Jede Messung ändert das System in irreversibler Weise. In der Quantenmechanik werden die Eigenschaften eines Objekts durch die Messung nicht **festgestellt**, sondern erst **hergestellt**! Es bedarf daher einer **Zusatzforderung**:

> **Messinstrumente müssen klassisch beschrieben werden.**

Damit haben wir die wesentlichen Elemente der Quantenmechanik kennen gelernt und können uns nun wieder formalen Entwicklungen zuwenden; als erstes wollen wir das Problem der stationären Eigenzustände des Wasserstoffatoms im Detail behandeln.[36]

---

[36] Kapitel 6 kann ohne Nachteil für das (qualitative) Verständnis des Folgenden übersprungen werden.

6. Die Energieeigenwerte und -zustände des Wasserstoffatoms

6.1! Die Schrödingergleichung für das Wasserstoffatom

Um die (zeitunabhängige) Schrödingergleichung für das Wasserstoffatom zu erhalten, brauchen wir nur im Energieoperator (4.8) das elektrostatische Potential[1] $-e^2/r$ einzusetzen und erhalten somit die Eigenwertgleichung (4.11) in der Form

$$\left(\frac{-\hbar^2}{2m} \Delta - \frac{e^2}{r} \right) \psi_n(x) = E_n \cdot \psi_n(x) \, . \tag{6.1}$$

Dies ist die **Schrödingergleichung** für das Wasserstoffatom.[2] Die Wellenfunktionen genügen der Normierungsbedingung (4.12).

Wir haben es mit einem kugelsymmetrischen Problem zu tun und werden daher vernünftigerweise Kugelkoordinaten (sphärische Polarkoordinaten) einführen:

$$\begin{aligned}
x &= r \cdot \sin \vartheta \cdot \cos \varphi \, , \\
y &= r \cdot \sin \vartheta \cdot \sin \varphi \, , \\
z &= r \cdot \cos \vartheta \, .
\end{aligned} \tag{6.2}$$

Außerdem ist der Drehimpuls eine Erhaltungsgröße, was für den linearen Impuls wegen des festgehaltenen Koordinatenursprungs nicht gilt.[3] Wir werden daher versuchen, den linearen Impuls im Hamiltonoperator durch den Drehimpuls zu ersetzen; dabei müssen wir freilich

---

[1] Wir verwenden Einheiten, in denen $e^2/(hc) = 1/137, \ldots$ und $\text{div} E = 4\pi\varrho$ gilt; siehe auch (1.16).

[2] Wir haben dabei die Masse des Kerns unendlich angenommen und vernachlässigen relativistische Korrekturen.

[3] Die Erhaltung des linearen Impulses ist eine Folge der Homogenität des Raumes, die wir durch die Auszeichnung des Koordinatenursprungs als Ort des (unendlich schweren) Kernes zerstört haben. Der Drehimpuls

beachten, dass wir es mit Operatoren zu tun haben, die nicht immer vertauschbar sein werden, bei denen wir also auf die Reihenfolge zu achten haben.

Der Drehimpuls ist in (1.11) definiert und für den zugehörigen Operator brauchen wir nur den Impuls p durch den Impulsoperator P zu ersetzen (siehe Abschn. 4.1),

$$L = x \times P \,. \tag{6.3}$$

Wir betrachten nun das Skalarprodukt

$$L \cdot L = L \cdot [x \times P]$$

und vertauschen die drei Vektoren zyklisch, was bei einem Spatprodukt immer möglich ist; dabei achten wir aber sorgfältig auf die Reihenfolge der Operatoren:

$$L \cdot L = [L \times x] \cdot P \,.$$

Nun ist aber

$$[L \times x] = \big[[x \times P] \times x\big] = \sum_{k=1}^{3} x_k P x_k - x(Px) \,, \tag{6.4}$$

wobei wir die Vektorgleichung für das doppelte Vektorprodukt benutzt haben,

$$\big[[A \times B] \times C\big] = B(AC) - A(BC) \,,$$

dabei aber auf die Reihenfolge ABC zu achten hatten und daher das erste Skalarprodukt explizit als Summe anschreiben mussten.[4]

Als nächstes wollen wir die Reihenfolge der Operatoren mittels der Vertauschungsrelationen (4.6) so ändern, dass alle Differentialoperatoren (also alle Impulse P) rechts von allen Koordinaten zu stehen kommen. Aus (4.6) folgt

$$x_k \cdot P \cdot x_k = x_k \cdot x_k \cdot P - i\hbar \cdot x = r^2 \cdot P - i\hbar \cdot x$$

---

als Folge der Isotropie des Raumes ist erhalten, da wir um den Ursprung drehen können, ohne das System zu verändern (Rotationsinvarianz um den Ursprung).

[4] Wir werden ab nun die **Einsteinsche Summenkonvention** übernehmen, wonach in Vektorgleichungen über doppelt vorkommende Indizes (im selben Term!) automatisch von 1 bis 3 zu summieren ist. Das Summenzeichen wird also weggelassen und es gilt z. B. $|x|^2 = x_k x_k$.

und

$$P \cdot x = x \cdot P - 3i\hbar .$$

Setzen wir dies in (6.4) ein, so erhalten wir

$$L \cdot L = L^2 = 2i\hbar(xP) + r^2 \cdot P^2 - x_k(xP)P_k$$

oder

$$P^2 = \frac{1}{r^2} \left[L^2 - 2i\hbar(xP) + x_k(xP)P_k \right] . \tag{6.5}$$

Ehe wir damit den Hamiltonoperator vereinfachen, überlegen wir uns noch, dass in Polarkoordinaten gilt

$$r\frac{\partial}{\partial r} = r\frac{\partial x_k}{\partial r}\frac{\partial}{\partial x_k} = x_k\frac{\partial}{\partial x_k} ,$$

da aus (6.2) durch direktes Nachrechnen folgt

$$r\frac{\partial x_k}{\partial r} = x_k .$$

Daher gilt in Polarkoordinaten

$$xP = -i\hbar \cdot r\frac{\partial}{\partial r} ,$$

und aus (6.5) wird

$$\begin{aligned}
P^2 &= \frac{1}{r^2} \left(L^2 - 2\hbar^2 r\frac{\partial}{\partial r} - \hbar^2 r^2\frac{\partial^2}{\partial r^2} \right) \\
&= \frac{1}{r^2} \left(L^2 - \hbar^2\frac{\partial}{\partial r}r^2\frac{\partial}{\partial r} \right) .
\end{aligned} \tag{6.6}$$

Damit wird die Schrödingergleichung für das Wasserstoffatom in Polarkoordinaten

$$\left[\frac{-1}{2m} \left(\frac{\hbar^2}{r^2}\frac{\partial}{\partial r}r^2\frac{\partial}{\partial r} - \frac{L^2}{r^2} \right) - \frac{e^2}{r} \right] \psi_n(r, \vartheta, \varphi)$$
$$= E_n \cdot \psi_n(r, \vartheta, \varphi) . \tag{6.7}$$

Der Gesamtdrehimpuls ist als Erhaltungsgröße mit dem Hamiltonoperator vertauschbar[5] und die Zustände ψ_n sind gleichzeitige Eigenfunktionen von Energie und Gesamtdrehimpuls.

---

[5] Allgemein gilt, dass eine Observable O genau dann eine Erhaltungsgröße ist, wenn sie mit dem Hamiltonoperator vertauschbar ist, wenn also gilt $[O, H] = 0$.

Aus (6.7) können wir sofort ablesen, dass wir nun das Problem der Symmetrie des Wasserstoffatoms (siehe Kap. 2) gelöst haben! Denn wie im klassischen Fall gilt auch in der Quantenmechanik, dass der Drehimpuls im Grundzustand ψ_1 verschwindet (Details werden im Anhang A.4 erläutert). Damit ist aber auch $L^2\psi_1 = 0$ und (6.7) ist somit nur von einer Variablen, dem Radius r, abhängig. **Der Grundzustand ist daher kugelsymmetrisch**!

Ehe wir dies weiter verfolgen, müssen wir uns nun die einzelnen Komponenten des Drehimpulsoperators und ihre möglichen Eigenwerte genauer ansehen.

6.2! Die Vertauschungsregeln des Drehimpulses

Da der Drehimpulsoperator L als Vektoroperator drei Komponenten L_k ($k = 1, 2, 3$) hat, müssen wir uns zunächst überlegen, ob diese Komponenten untereinander vertauschbar sind. Dazu betrachten wir den Kommutator der ersten beiden Komponenten[6] und ersetzen L_2 aus (6.3):

$$[L_1, L_2] = [L_1, x_3 P_1 - x_1 P_3] = [L_1, x_3]P_1 - x_1[L_1, P_3] \ .$$

Nun gilt wegen den fundamentalen Vertauschungsregeln (4.6)

$$[L_1, x_3] = [x_2 P_3 - x_3 P_2, x_3] = x_2[P_3, x_3] = -i\hbar x_2$$

und analog

$$[L_1, P_3] = -i\hbar P_2 \ ,$$

so dass wir

$$[L_1, L_2] = -i\hbar(x_2 P_1 - x_1 P_2) = i\hbar L_3 \tag{6.8}$$

erhalten. Dies gilt selbstverständlich auch für alle **zyklischen Vertauschungen** der Indizes.

Wir sehen also – zu unserer Überraschung – dass im Gegensatz zur klassischen Mechanik jeweils nur eine der Komponenten des Drehimpulses scharf gemessen werden kann, die beiden anderen sind dann nicht zugleich genau zu messen! Welche der Komponenten wir dafür wählen, ist wegen der Rotationsinvarianz zunächst gleichgültig, haben

---

[6] Wir benutzen die Rechenregeln für Kommutatoren aus Abschn. 4.3!, Fußnote 24.

wir uns aber für eine entschieden, dann bleiben die beiden andern unbestimmt.

Nun müssen wir aber noch sicherstellen, dass die ausgewählte Komponente mit der Länge des Drehimpulsvektors gleichzeitig angebbar ist; dazu untersuchen wir den Kommutator

$$[L^2, L_3] = [L_1^2, L_3] + [L_2^2, L_3]$$

und mittels der Rechenregeln von Abschn. 4.3!, Fußnote 24

$$[L^2, L_3] = L_1[L_1, L_3] + [L_1, L_3]L_1 + L_2[L_2, L_3] + [L_2, L_3]L_2 .$$

Setzen wir (6.8) und ihre zyklisch vertauschten Varianten ein, so sehen wir, dass die Terme einander paarweise aufheben und wir erhalten das erwartete Resultat, dass der Kommutator verschwindet. Wegen der zyklischen Vertauschbarkeit können wir gleich schreiben

$$[L^2, L_k] = 0, \quad \text{mit} \quad k = 1, 2, 3 . \tag{6.9}$$

Wir können also die Länge des Drehimpulsvektors (bzw. ihr Quadrat) und jeweils eine der Komponenten gleichzeitig angeben! Die beiden anderen Komponenten bleiben auf Grund der Vertauschungsregeln (6.8) unbestimmt.

Gemäß Abschn. 3.4 können wir also gleichzeitige Eigenfunktionen von L^2 und L_3 anschreiben; die Eigenwerte haben wir im Anhang A.4 berechnet (siehe (A.22) und (A.23)):

$$L^2 Y_{l,m} = l(l + 1)\hbar^2 Y_{l,m} , \tag{6.10}$$

$$L_3 Y_{l,m} = m\hbar Y_{l,m} . \tag{6.11}$$

Setzen wir (6.10) in die Schrödingergleichung für die Wasserstoffeigenzustände (6.7) ein, so vereinfacht sich diese zu

$$\left[\frac{-\hbar^2}{2m} \left(\frac{1}{r^2} \frac{\partial}{\partial r} r^2 \frac{\partial}{\partial r} - \frac{l(l + 1)}{r^2} \right) - \frac{e^2}{r} \right] \psi_n(r, \vartheta, \varphi)$$
$$= E_n \cdot \psi_n(r, \vartheta, \varphi) . \tag{6.12}$$

Dabei haben wir schon vorausgesetzt, dass die ψ_n gleichzeitige Eigenfunktionen von Energie und Drehimpuls sind; der Index „n" steht dabei symbolisch für alle Quantenzahlen, eigentlich sollten wir immer „n, l, m" schreiben, da der Energieoperator L^2 und L_3 untereinander vertauschbar sind und daher deren Quantenzahlen zusammen den Zustand vollständig beschreiben.[7]

6.3! Der Radialanteil der Wellenfunktion

Da die Drehimpulsoperatoren nur von den Winkeln abhängen und in (6.12) nur die radiale Koordinate r vorkommt, liegt es nahe, die Wellenfunktion zu separieren,

$$\psi_n(r, \vartheta, \varphi) = \chi_n(r) \cdot Y_{l,m}(\vartheta, \varphi) \ . \tag{6.13}$$

Setzen wir dies in (6.12) ein, so können wir totale Ableitungen schreiben, weil χ_n nur von r abhängt und $Y_{l,m}$ weggekürzt werden kann; wir schreiben die so erhaltene Gleichung gleich in einer handlicheren Form und erhalten

$$\frac{\mathrm{d}}{\mathrm{d}r} \left(r^2 \frac{\mathrm{d}}{\mathrm{d}r} \right) \chi_n(r) + \frac{2mr^2}{\hbar^2} \left(\frac{e^2}{r} + E_n \right) \chi_n(r)$$
$$= l(l+1)\chi_n(r) \ . \tag{6.14}$$

Wie bei allen physikalischen Problemen bewährt es sich, dimensionslose Variable einzuführen. Wir definieren also eine dimensionslose Variable x mittels des Bohrschen Radius a, (2.20a), der sicher als charakteristische Größe für unser Problem gelten kann,

$$x = \frac{r}{a} \quad \text{mit} \quad a = \frac{\hbar^2}{me^2} \ . \tag{6.15}$$

Die Differentialgleichung (6.14) für den Radialanteil der Wellenfunktion wird dann

$$\frac{\mathrm{d}}{\mathrm{d}x} \left(x^2 \frac{\mathrm{d}}{\mathrm{d}x} \right) \chi_n(x) + \left(2x + \frac{2ax^2}{e^2} E_n \right) \chi_n(x)$$
$$= l(l+1)\chi_n(x) \ . \tag{6.16}$$

Nun führen wir eine Substitution zur Vereinfachung von (6.16) ein, die sich für dieses spezielle Problem bewährt hat,

---

[7] Wir sehen hier noch vom Spin des Elektrons ab!

$$\chi_n(x) = \frac{e^{-\gamma x}}{x} \eta_n(x) \, . \tag{6.17}$$

Dabei ist γ zunächst noch ein beliebiger Parameter.

Die Differentialgleichung (6.16) vereinfacht sich aber nun zu

$$\frac{d^2\eta_n}{dx^2} - 2\gamma\frac{d\eta_n}{dx} + \left[\frac{2}{x} + \gamma^2 + \frac{2aE_n}{e^2} - \frac{l(l+1)}{x^2}\right]\eta_n = 0 \, . \tag{6.18}$$

Zur weiteren Vereinfachung legen wir das bisher freie γ fest durch die Wahl

$$\gamma^2 = -\frac{2aE_n}{e^2} \tag{6.19}$$

und erhalten schließlich

$$\frac{d^2\eta_n}{dx^2} - 2\gamma\frac{d\eta_n}{dx} + \left[\frac{2}{x} - \frac{l(l+1)}{x^2}\right]\eta_n = 0 \, . \tag{6.20}$$

Diese Differentialgleichung kann nicht geschlossen gelöst werden, wir müssen daher den Potenzreihenansatz

$$\eta_n(x) = \sum_{k=0}^{\infty} c_k x^k \tag{6.21}$$

versuchen. Setzen wir dies in (6.20) ein, so erhalten wir

$$\sum_{k=0}^{\infty} \Big[c_k k(k-1)x^{k-2} - 2\gamma c_k k x^{k-1} \\ + 2c_k x^{k-1} - l(l+1)c_k x^{k-2} \Big] = 0 \, . \tag{6.22}$$

Um einen Koeffizientenvergleich durchführen zu können, ändern wir zunächst die Summationsindizes im ersten und letzten Term durch die Ersetzung $k \rightarrow k+1$

$$\sum_{k=1}^{\infty} [c_{k+1}(k+1)k - 2\gamma c_k k \\ + 2c_k - l(l+1)c_{k+1}] x^{k-1} = 0 \, . \tag{6.23}$$

Da die Koeffizienten der Potenzen von x einzeln verschwinden müssen, erhalten wir nun die **Rekursionsformel** für unsere Lösung

$$c_{k+1} = 2\frac{\gamma k - 1}{k(k+1) - l(l+1)}c_k \, . \tag{6.24}$$

Nun ist aber η_n gemäß (6.17) nur einer der Faktoren in der Gesamtwellenfunktion. Wegen der Normierungsbedingung (4.12) muss die Wellenfunktion für $r \to \infty$ verschwinden. Dies ist nur dann der Fall, wenn die Reihe in (6.21) abbricht.[8] Es muss also ein $k = n$ geben, für das gilt: $c_{n+1} = 0$.

Damit erhalten wir nach (6.24)

$$\gamma n - 1 = 0$$

oder, nach (6.19) und (6.15)

$$E_n = -\frac{e^2}{2an^2} = -\frac{me^4}{2\hbar^2 n^2} \,. \tag{6.25}$$

Wir erhalten also wirklich – wie schon in Abschn. 4.2 angekündigt – das richtige Energiespektrum! Damit der Nenner in (6.24) nicht verschwinden kann, darf die Summe in (6.21) erst bei $k = l + 1$ beginnen. Daraus folgt aber die Bedingung

$$n > l \,.$$

Der Radialanteil der Wellenfunktion (6.13) wird damit

$$\chi_{n,l}(r) = e^{-nr/r_n} \sum_{k=l+1}^{n} C_k \left(\frac{r}{r_n} \right)^{k-1} \tag{6.26}$$

mit den Definitionen

$$r_n = a \cdot n^2 \quad \text{und} \quad C_k = n^{2k} c_k \tag{6.27}$$

und der Rekursionsformel

$$C_{k+1} = \frac{2n(n - k)}{l(l + 1) - k(k + 1)} C_k \,. \tag{6.28}$$

Damit können wir die radialen Anteile der Wellenfunktion (6.13) (für die niedrigsten Energiezustände) sofort anschreiben (siehe Tabelle 6.1). Zu jedem Energiezustand mit $n > 1$ gibt es also mehrere verschiedene Zustände, die sich in den Drehimpulsquantenzahlen unterscheiden. Da zu jedem l gerade $(2l + 1)$ verschiedene m gehören (siehe Anhang A.4), ist die Zahl der verschiedenen Zustände zu einem gegebenen E_n genau

---

[8] Ein Nachweis mittels Quotienten- oder Wurzelkriteriums findet sich in den meisten Lehrbüchern, wir wollen an dieser Stelle nur darauf verweisen und uns den Beweis ersparen.

Tabelle 6.1. Die Radialanteile der Wellenfunktion für die ersten drei Energiezustände[9]

n	E_n	l	$\chi_{n,l}(r)$
1	$-me^4/2\hbar^2$	0, S-Zustand	$C \cdot e^{-r/a}$
2	$-me^4/8\hbar^2$	0, S-Zustand	$C \cdot e^{-r/2a}[1 - (r/2a)]$
2	$-me^4/8\hbar^2$	1, P-Zustand	$C \cdot e^{-r/2a}(r/4a)$
3	$-me^4/18\hbar^2$	0, S-Zustand	$C \cdot e^{-r/3a}[1 - 2(r/3a)$
			$+(2/3)(r/3a)^2]$
3	$-me^4/18\hbar^2$	1, P-Zustand	$C \cdot e^{-r/3a}(r/3a)[2 - (r/3a)]$
3	$-me^4/18\hbar^2$	2, D-Zustand	$C \cdot e^{-r/3a}(r/3a)^2$

$$\sum_{l=0}^{n-1}(2l + 1) = n^2 \, .$$

Gehören zu einer gegebenen Quantenzahl mehrere Eigenzustände, so spricht man von einer **Entartung** des Systems. Das Wasserstoffatom zeigt also eine n^2-fache Entartung.

Wir können nun die **Quantenzahlen**, die die möglichen Zustände des Wasserstoffatoms beschreiben, angeben und benennen:[10]

Tabelle 6.2. Die Quantenzahlen des Wasserstoffatoms

Hauptquantenzahl	$n = 1, 2, 3, \ldots$
Bahndrehimpulsquantenzahl	$l = 0, 1, 2, \ldots, (n - 1)$
magnetische Quantenzahl[11]	$m = -l, -l + 1, \ldots, l$

Damit ist das Eigenwertproblem des Wasserstoffatoms gelöst und (6.25) definiert das Energiespektrum.

---

[9] Die in der radialen Wellenfunktion auftretenden Polynome heißen Laguerresche Polynome.

[10] Wir haben auch hier wieder den Spin des Elektrons vernachlässigt.

[11] Da im kugelsymmetrischen Problem keine Richtung ausgezeichnet sein kann, gibt es eine physikalisch sinnvolle z-Achse erst beim Auftreten eines Magnetfeldes; daher der Name dieser Quantenzahl.

6.4 Die Eigenzustände des Wasserstoffatoms

Ein Vergleich von (6.25) mit (2.15b) zeigt sofort, dass wir nun dieselben (richtigen) Energiewerte wie im Bohrschen Atommodell erhalten haben! Zusätzlich aber haben wir nun das Problem der Symmetrie gelöst, denn die **S-Zustände sind kugelsymmetrisch!** Der Preis für diese unerhörte Leistung ist allerdings der **Verzicht auf eine anschauliche Beschreibung** des Wasserstoffatoms (und aller übrigen, quantenmechanischen Systeme). Wir können zwar alle möglichen experimentellen Ergebnisse (zumindest durch Wahrscheinlichkeiten) vorhersagen, wir können aber nicht beschreiben, wie sie zustande kommen.

Damit muss das Ziel der klassischen Physik, möglichst alle Phänomene mechanisch zu begreifen, endgültig begraben werden. William Thomson (Lord Kelvin), hat dieses Ziel im 19. Jahrhundert deutlich formuliert:

„Ich bin erst dann zufrieden, wenn ich von einer Sache ein mechanisches Modell herstellen kann. Bin ich dazu in der Lage, dann kann ich sie verstehen. Wenn ich mir nicht in jeder Hinsicht ein Modell machen kann, dann kann ich sie auch nicht verstehen."

Damit ist zugleich der Begriff „Verstehen" definiert. In diesem Sinne hat auch Richard Feynman völlig recht, wenn er meint, niemand könne die Quantenmechanik verstehen (siehe Vorwort). Der Titel dieses Buches deutet daher an, dass wir unseren Begriff „Verstehen" erweitern müssen, wollen wir die Quantenmechanik einschließen. Im Sinne der klassischen Physik meint „Verstehen" die Eliminierung aller Widersprüche aus dem Modell; im Sinne der Quantenmechanik muss „Verstehen" einschließen, nicht zu eliminierende Widersprüche (wie in unserem Fall das Entweder-Oder von diskret und kontinuierlich) als notwendig und sinnvoll zu begreifen![12]

Ehe wir uns einer genaueren Untersuchung der Wasserstoffzustände widmen, müssen wir noch einige Formalitäten erledigen. Die Wellenfunktionen (6.13) müssen der Normierungsbedingung (4.12) genügen. Damit können die noch offenen Konstanten C in Tabelle 6.1 bestimmt werden. Wir erhalten z. B. für den Grundzustand (der kugelsymmetrisch ist und daher nur von r abhängt)

---

[12] Solche Widersprüche werden in der philosophischen Literatur „Aporien" genannt, siehe dazu H. Pietschmann, Phänomenologie der Naturwissenschaft, a. a. O.

$$\psi_1(r) = \frac{1}{\sqrt{\pi a^3}} e^{-r/a} \ . \tag{6.29}$$

Nach (4.13) ist die zugehörige Dichtefunktion gegeben durch

$$\varrho_1(r) = \frac{1}{\pi a^3} e^{-2r/a} \ . \tag{6.30}$$

Nach Abschn. 5.1 kann sie in doppelter – komplementärer – Weise interpretiert werden: Zum Einen als **Dichte** des Elektrons im Grundzustand des Wasserstoffatoms,[13] zum Andern als **Aufenthaltswahrscheinlichkeit** des Elektrons bei Ortsmessungen (wie z. B. beim K-Einfang eines schweren Atoms, siehe (5.4)).

Es fällt gleich auf, dass die Dichte vom Zentrum des Atomkerns exponentiell abfällt und der Bohrsche Radius a lediglich die charakteristische Länge dieses Abfalls darstellt. Dies gilt aber für den Fall, dass wir entlang eines Radialstrahls vom Zentrum nach außen die Dichte messen.[14] Denken wir uns das Atom jedoch in (infinitesimal) dünne Zwiebelschalen zerlegt, dann ist die Ladung einer ganzen Zwiebelschale im Abstand r gegeben durch

$$4\pi r^2 \varrho_1(r) = \frac{4r^2}{a^3} e^{-2r/a} \ . \tag{6.31}$$

Wir sehen leicht, dass diese Funktion ihr Maximum gerade beim Bohrschen Radius a hat!

In Abb. 6.1 und 6.2 sind die Wellenfunktionen und die „Zwiebelschalendichte" gemäß (6.31) für $n = 1, 2, 3$ und $l = 0$ (S-Wellen) dargestellt. Die höheren Energiezustände zeigen zwar Nullstellen, jedoch ist die Dichte (und/oder Aufenthaltswahrscheinlichkeit) ϱ im ganzen Raum des Atoms (mit Ausnahme der Nullstellen) positiv; im höheren Energiezustand hat das Atom zwar andere Strukturen, es gibt aber keine Raumteile, die dem Elektron verboten wären. Dies steht im klaren Widerspruch zum Bohrschen Modell, in dem nur diskrete Bahnen erlaubt sind. Damit ist auch die leider noch immer anzutreffende Vorstellung, wonach Materie im wesentlichen aus Vakuum bestünde,[15] ins Reich der Phantasterei verwiesen!

---

[13] Etwa im Sinne der normierten Ladungsdichte.

[14] Vergleichbar etwa dem Bohrkern einer Probebohrung in einem Gletscher oder Felsmassiv.

[15] Z. B. sagte im amerikanischen Kriminalfilm „Nach eigenen Regeln" (1996) der für das Nukleararsenal zuständige General zum Kriminalin-

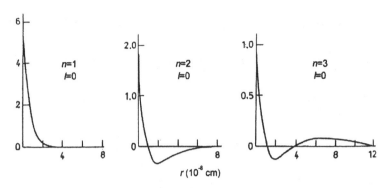

Abb. 6.1. Die (kugelsymmetrischen) S-Wellenfunktionen für $n = 1, 2, 3$

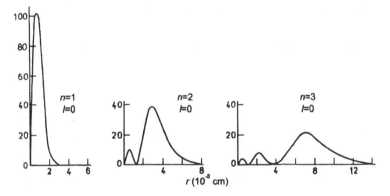

Abb. 6.2. Die „Zwiebelschalendichte" $4\pi r^2 \varrho_n(r)$ für $n = 1, 2, 3$

Die Wellenfunktionen mit höherem Drehimpuls ($l > 0$) sind nicht mehr kugelsymmetrisch; ihre räumliche Verteilung wird durch die Kugelflächenfunktionen $Y_{l,m}$ beschrieben (siehe Anhang A.4). Deren Absolutquadrate bestimmen die Gestalt des Atoms in diesen Zuständen. So sind etwa P-Zustände (mit $m = 0$) hantelförmige Gebilde. In der Chemie haben diese so genannten **Orbitale** große Bedeutung bei der Darstellung von Molekülen.

---

spektor, die Materie bestünde eigentlich aus Nichts und sei nur deshalb so fest, weil darin Teilchen mit unvorstellbaren Geschwindigkeiten herumrasen.

6.5 Das Korrespondenzprinzip

Aus dem Energiespektrum (6.25) geht hervor, dass für sehr große n die Energieeigenwerte E_n immer näher zusammenrücken; wegen unvermeidlicher Messfehler sind sie von einem Kontinuum dann nicht mehr zu unterscheiden. Ferner nimmt die Dichtefunktion des Atoms für sehr große l, und $|m|$ nahe dem Maximum l, immer flachere Gestalt an, so dass sie sich einer Ebene nähert.

Dies ist ein Beispiel für das so genannte Korrespondenzprinzip, wonach sich die Ergebnisse der quantenmechanischen Beschreibung für sehr große Quantenzahlen den klassischen Modellen annähern. Freilich ist dies unter einigen Einschränkungen zu verstehen. So bildet ein Atom mit sehr großen n, l und m zwar eine flache Scheibe, dennoch kann von einer Bewegung oder gar einer Bahn des Elektrons nicht gesprochen werden.

Es ist jedoch sogar möglich, Atome zu beobachten, die der Bohrschen Vorstellung eines um den Kern laufenden Elektrons nahe kommen. Solche Zustände sind aber notwendigerweise zeitabhängig und keine Eigenzustände des Energieoperators! Außerdem kann auch in diesen Fällen nicht von einem „Teilchen" im klassischen Sinne gesprochen werden, da die Elektronen jedenfalls über den von der Unschärferelation geforderten Raum „verschmiert" sein müssen. Die entsprechenden Experimente sind faszinierend und Interessierte seien auf einschlägige (verständliche) Artikel verwiesen.[16]

Ein weiteres, faszinierendes Forschungsgebiet stellen die so genannten **Rydbergatome** dar! Es handelt sich dabei um Atome mit sehr großen Hauptquantenzahlen n (in der Größenordnung 100), deren Radien gemäß (6.27) entsprechend groß sind.[17]

6.6 Wasserstoffähnliche Atome

Wir haben in unseren Rechnungen lediglich vorausgesetzt, dass sich ein Elektron im Einfluss eines Coulombpotentials $V = -e^2/r$ befin-

---

[16] Z. B.: M. Nauenberg et. al.: The Classical Limit of an Atom, Sci. Am., Juni 1994, S. 24.

[17] Siehe z. B.: C. D. Reinhold et. al., Phys. Rev. Lett. **79** (1997) 5226; R. B. Vrijen et. al., Phys. Rev. Lett. **79** (1997) 617.

det, die Ergebnisse sind daher auf alle möglichen, derartigen Systeme anwendbar. Rührt das Potential nicht von einem Wasserstoffkern (also einem Proton oder Deuteron) her, sondern von einem schwereren Kern (im einfachsten Falle ein Heliumkern, also ein α-Teilchen mit Kernladungszahl $Z = 2$) mit einem einzigen Elektron, dann ist in unseren Ergebnissen lediglich die Ladung e^2 durch Ze^2 und die Masse m durch die **reduzierte Masse** μ zu ersetzen, wobei

$$\mu = \frac{mM}{m + M} \tag{6.32}$$

und M die Masse des Kernes ist. Das Spektrum (6.25) gilt mit diesen Modifikationen auch für ionisiertes Helium und andere, ähnliche Atome. Es ist heute möglich, selbst Uranatome entsprechend hoch zu ionisieren, so dass lediglich ein Elektron im Feld mit $Z = 92$ zu finden ist. Allerdings genügen unsere Rechnungen dann nicht mehr, weil relativistische und andere, feldtheoretische Korrekturen nicht mehr vernachlässigt werden können. Das Studium dieser Beiträge, die in einem solchen Feld entsprechend groß sind, ist gerade der interessante Gegenstand dieser Forschungen.[18]

Unser Spektrum (6.25) gilt auch für das (kurzlebige) **Positronium**, einem wasserstoffähnlichen Bindungszustand eines Elektrons e$^-$ mit seinem Antiteilchen, dem Positron e$^+$. Da die Masse des Positrons der Elektronmasse identisch ist, müssen wir in diesem Falle m durch $m/2$ ersetzen (siehe (6.30)).

Ein weiteres, interessantes Anwendungsbeispiel stellen die so genannten **exotischen Atome** dar. Dabei wird in das Kernpotential ein schwereres, negativ geladenes Teilchen eingebracht. Der Kern braucht in diesem Falle gar nicht vollständig ionisiert zu sein, da der Bohrsche Radius a als charakteristische Distanz der Ladungsverteilung proportional $1/m$ ist (siehe (6.15)) und daher für Teilchen mit etwa 100facher Elektronmasse die Ladung des exotischen Teilchens so eng um den Kern konzentriert ist, dass der Einfluss der Hüllenelektronen vernachlässigt werden kann.

Als Kandidat für solche Experimente liegt vor allem das so genannte Myon (oder „Müon") nahe und man spricht dann von **myonischen Atomen**. Das negative Myon μ^- ist ein „Elektron der zweiten Generation"; es ist etwa 207 mal schwerer als das gewöhnliche Elektron, hat

---

[18] Siehe z. B.: Th. Stöhlker et. al., Phys. Rev. Lett. **71** (1993) 2184.

aber im übrigen identische Eigenschaften.[19] Myonische Atome können unter anderem dazu dienen, aus den gemessenen Abweichungen vom (hinsichtlich der Masse und der Kernladung modifizierten) Spektrum (6.25) auf den Radius des Kernes zu schließen.

Erwähnt seien noch so genannte **pionische Atome**, bei denen statt des Myons ein negativ geladenes π-Meson (oder „Pion")[20] vom Kern eingefangen wird. Interessant ist dabei die Tatsache, dass das Pion im Gegensatz zum Myon keinen Spin aufweist.

Ein dem Positronium ähnliches System ist das so genannte **Myonium**, bei dem ein Elektron an das Antiteilchen des Myons, an ein positiv geladenes μ^+ gebunden ist.

Auch ein Antiproton, das negative geladene Antiteilchen des Protons, kann mit einem Kern (etwa einem α-Teilchen) einen Bindungszustand bilden. In diesem Fall handelt es sich aber schon um ein Gebilde, das auch als Molekül bezeichnet werden könnte. Man spricht daher bei diesen interessanten Objekten manchmal von „**Atomkülen**", von Systemen die sowohl atomartige, als auch molekülartige Eigenschaften zeigen.

---

[19] Das Myon zerfällt mit einer Lebensdauer von etwa 2 μs, dies ist aber eine direkte Folge der größeren Masse.

[20] Das Pion ist etwa 273 mal schwerer als ein Elektron und hat eine Lebensdauer von etwa 10^{-8} s.

7. Mehrteilchensysteme

7.1 Die Ununterscheidbarkeit der Teilchen

Ein völlig neuer Aspekt des Welle-Teilchen-Dualismus tritt auf, wenn wir Mehrteilchensysteme betrachten. Ein einfacher Fall ist das (neutrale) **Heliumatom**. Wir können nach dem bisher Erarbeiteten den Hamiltonoperator sofort anschreiben:

$$\underline{H}_{He} = \frac{-\hbar^2}{2m}(\Delta_1 + \Delta_2) - 2e^2\left(\frac{1}{r_1} + \frac{1}{r_2}\right) + \frac{e^2}{|x_1 - x_2|} , \qquad (7.1)$$

wobei

$$r_k = |x_k| \qquad \text{mit} \quad k = 1, 2 \qquad (7.2)$$

und Δ_k $(k = 1, 2))$ der Laplaceoperator für die Koordinaten x_1 und x_2 sein soll.

Ein völlig neues Problem tritt jedoch auf, wenn wir die Schrödingergleichung und damit die Wellenfunktion anschreiben; zunächst muss die Wellenfunktion – schon aus formal-mathematischen Gründen – von den beiden Koordinatenvektoren x_1 und x_2 abhängen,

$$\underline{H}_{He} \cdot \Psi_{n_1,n_2}(x_1, x_2) = E_{n_1,n_2} \cdot \Psi_{n_1,n_2}(x_1, x_2) . \qquad (7.3)$$

n_1 und n_2 sind dabei die Quantenzahlen der Zustände, in denen sich die beiden Elektronen befinden.

Das Problem liegt aber nun in der Interpretation der Wellenfunktion, denn wir müssen natürlich immer beide Aspekte – diskret und kontinuierlich – zugleich erfassen! Das Heliumatom im Grundzustand ist – ähnlich dem Wasserstoffatom – ein Kügelchen mit doppelter Ladung um den (ebenfalls doppelt geladenen) Kern. In diesem Bild macht es überhaupt keinen Sinn, von *zwei* Elektronen zu sprechen, denn die

Doppelladung ist in der Hülle kugelförmig verteilt und kann nicht in die Ladungen der einzelnen Elektronen aufgeteilt werden![1]

Das Absolutquadrat der Wellenfunktion Ψ kann daher nicht unmittelbar als Ladungsdichte interpretiert werden. In der statistischen Interpretation ist es wohl die Wahrscheinlichkeitsdichte, ein Elektron in der Umgebung des Ortes x_1 zu finden, wenn sich das andere in der Umgebung des Ortes x_2 befindet, dies ist aber keine sehr interessante Information. Integrieren wir aber über einen der beiden Ortsvektoren, dann ist das Absolutquadrat der resultierenden Funktion entweder als Dichte der Aufenthaltswahrscheinlichkeit für eines der beiden Elektronen oder als Ladungsdichte der Atomhülle zu interpretieren. Dies kann aber nicht davon abhängen, welchen Ortsvektor wir auswählen.[2] Es muss also gelten

$$\left| \int \mathrm{d}^3 x_1 \Psi_{n_1, n_2}(x_1, x) \right|^2 = \left| \int \mathrm{d}^3 x_2 \Psi_{n_1, n_2}(x, x_2) \right|^2 . \tag{7.4}$$

Wir wollen das Problem noch von einer anderen Seite beleuchten: Vernachlässigen wir zunächst in (7.1) die Coulombabstoßung zwischen den beiden Elektronen, oder (im Kontinuumsbild) die positive Coulombenergie zwischen den beiden (verschmierten) Elektronladungen. Dann zerfällt der Hamiltonoperator in die Summe zweier wasserstoffartiger Hamiltonoperatoren, und die Wellenfunktion kann als Produkt zweier Wasserstoffwellenfunktionen geschrieben werden:

$$\Psi_{n_1, n_2}(x_1, x_2) = \psi_{n_1}(x_1) \cdot \psi_{n_2}(x_2)$$

Dabei haben wir aber *nicht* berücksichtigt, dass die beiden Elektronen keine Individualität besitzen und wir nicht festlegen können, welches Elektron den Zustand n_1 und welches den Zustand n_2 besetzt! Um dies (und die Forderung von (7.4)) zu berücksichtigen, müssen wir daher Sorge tragen, dass die Gesamtwellenfunktion bei Vertauschung der beiden Ortsvektoren höchstens das Vorzeichen wechselt,[3] das in den Messgrößen zunächst keine Rolle spielt. Wir müssen also zur Wellenfunktion

---

[1] So wie wenn wir zwei Glas Wasser in eine Schüssel leeren und dann fragen wollten, aus welchem Glas ein herausgegriffener Tropfen Wasser stammt!

[2] Dies wird besonders deutlich im „Kirschenmodell" des Atoms (siehe Abschn. 2.7), in dem auch nicht nach den individuellen Elektronen gefragt werden kann.

[3] Auch eine Phase e^{ic} wäre prinzipiell erlaubt.

noch einen Term addieren oder subtrahieren, bei dem die Quantenzahlen oder die Ortsvektoren vertauscht sind; dadurch wird die Wellenfunktion beim Austausch der Teilchen symmetrisch bzw. antisymmetrisch. Der Ununterscheidbarkeit der Teilchen (oder ihrem Kontinuumscharakter) ist damit Rechnung getragen.

Die Frage, ob wir symmetrische oder antisymmetrische Wellenfunktionen zu wählen haben, wurde von Wolfgang Pauli geklärt: das so genannte **Spin-Statistik-Theorem** ist eines der wenigen Theoreme der theoretischen Physik, die sich mit ganz wenigen Voraussetzungen[4] streng beweisen lassen. Es besagt, dass Teilchen mit ganzzahligem Spin $(0, \hbar, 2\hbar, \ldots)$ durch symmetrische, Teilchen mit halbzahligem Spin $(\hbar/2, 3\hbar/2, 5\hbar/2, \ldots)$ durch antisymmetrische Wellenfunktionen zu beschreiben sind.

Da wir hier die Wellenfunktion eines Elektronpaares anschreiben und Elektronen einen Spin $\hbar/2$ tragen, ist also die richtige Wellenfunktion[5] gegeben durch

$$\Psi_{n_1,n_2}(x_1, x_2) = \frac{1}{\sqrt{2}}\left[\psi_{n_1}(x_1)\psi_{n_2}(x_2)\right.$$
$$\left. -\psi_{n_2}(x_1)\psi_{n_1}(x_2)\right],$$

(7.5)

wobei wir zwecks Normierung den Vorfaktor hinzugefügt haben.

Wir haben oben schon festgestellt, dass es eigentlich keinen Sinn macht, von *zwei* Elektronen zu sprechen, da nach (7.5) jedem der beiden Elektronen wechselweise die Quantenzahlen n_1 oder n_2, bzw. die Ortsvektoren x_1 oder x_2 zugeordnet werden können. Es wäre also besser, immer von einem **Elektronpaar** oder auch einem **Doppelelektron** zu sprechen. Der Zustand (7.5) kann eben *nicht* in zwei Einteilchenzustände aufgespalten werden! Erwin Schrödinger führte dafür den Begriff **verschränkte Zustände** ein und hielt die „Antinomien der Verschrän-

---

[4] Im Wesentlichen muss nur Lorentz-Invarianz und eine schwache Form der Kausalität vorausgesetzt werden.

[5] Unsere Schreibweise ist etwas „schlampig“, da die Wellenfunktionen inklusive Spin eigentlich als Spinvektoren – also zweikomponentig – anzuschreiben wären. Dadurch wird aber der Formalismus eher undurchsichtig; das Wesentliche sollte auch in unserer Schreibweise zum Ausdruck kommen! In Abschn. 7.4 werden wir diese Details ausführen.

kung" für die eigentlich wesentliche Neuerung der Quantenmechanik. Er schrieb:[6]

„Wenn zwei Systeme in Wechselwirkung treten, treten, wie wir gesehen haben, nicht etwa ihre ψ-Funktionen in Wechselwirkung, sondern die hören sofort zu existieren auf und eine einzige für das Gesamtsystem tritt an ihre Stelle."

Die weitreichenden Konsequenzen der Ununterscheidbarkeit der Teilchen müssen wir nun besprechen.

7.2 Das Ausschließungsprinzip von Pauli

Aus (7.5) folgt sofort, dass die Wellenfunktion verschwindet, wenn die Quantenzahlen der beiden Elektronen gleich sind, also für $n_1 = n_2$. Es ist also ausgeschlossen, dass zwei Teilchen mit halbzahligem Spin in allen Quantenzahlen übereinstimmen. Für diese Erkenntnis erhielt Wolfgang Pauli im Jahre 1945 den Nobelpreis für Physik und zwar schlicht „für die Entdeckung des Pauliprinzips".[7]

Nun ist es aber wichtig, dass n_l (mit $l = 1, 2$) alle Quantenzahlen des Zustandes umfaßt! Wir müssen also auch den Spinzustand mit berücksichtigen. Denn wenn die beiden Elektronen im Heliumatom gleiche Spinquantenzahlen tragen (also parallele Spins aufweisen), dann muss der Rest der Wellenfunktion (also der x-abhängige Teil) antisymmetrisch sein, sind die Spinquantenzahlen verschieden (also antiparallele Spins), so muss der räumliche Anteil der Wellenfunktion symmetrisch sein.

Eine weitere Konsequenz ist die, dass die Spins der Elektronen im Grundzustand anti-parallel sein müssen, da im Grundzustand beide räumliche Wellenfunktionsanteile gleiche Quantenzahlen tragen (nämlich $n = 1, l = m = 0$, siehe Tabelle 6.2).

Die Wellenfunktion (7.5) verschwindet aber nicht nur für gleiche Quantenzahlen; auch bei verschiedenen $n_1 \neq n_2$ kann sie Nullstellen

---

[6] Erwin Schrödinger (Arbeit in drei Teilen): Die Naturwissenschaften **23** (1935) 807, 823, 844; §15.

[7] In der englischen Fassung: „ ... for the discovery of the Exclusion Principle, also called the Pauli Principle."

haben, wenn die Ortsvektoren zusammenfallen, also $x_1 = x_2$. Im Teilchenbild heißt dies, die Aufenthaltswahrscheinlichkeit verschwindet für beide Teilchen am selben Ort. Für Teilchen mit halbzahligem Spin, so genannte **Fermionen**, gibt es also bei parallelen Spins eine effektive Abstoßung, der keine Kraft[8] entspricht, die lediglich eine Konsequenz der antisymmetrischen Wellenfunktion ist! (Analog dazu gibt es für **Bosonen** – das sind Teilchen mit ganzzahligem Spin – eine effektive Anziehung.)

7.3 Die Antinomien der Verschränkung

Wir wollen bei diesem von Schrödinger verwendeten Begriff der „Antinomien"[9] bleiben, da er die widersprüchliche Situation der Quantenmechanik gut beschreibt.

Am Deutlichsten hat Albert Einstein die neue Vorstellung charakterisiert; da er diese jedoch nicht akzeptieren wollte, hat er klare Einwände formuliert, deren Darstellung unter dem Namen „**EPR-Paradoxon**" bekannt ist[10] und auf einem besonders extremen Fall von Verschränkung basiert, den wir nun kennen lernen wollen:

Nehmen wir an, ein (instabiles) Teilchen ohne Spin zerfällt in zwei gleiche Tochterteilchen mit Spin; ein einfaches Beispiel dafür (das wegen der extrem kurzen Lebensdauer des neutralen π-Mesons zwar für wirkliche Experimente ungeeignet ist, aber das Wesentliche schön beschreibt) ist der Zerfall eines neutralen π-Mesons in zwei Photonen

$$\pi^0 \to \gamma + \gamma \ .$$

Im Ruhesystem des π-Mesons müssen die beiden Photonen aus Impulserhaltungsgründen in entgegengesetzter Richtung kollinear ausgesandt werden; da das π-Meson keinen Spin trägt, müssen die Spins der Photonen[11] ($\Leftarrow, \Rightarrow$) aus Gründen der Drehimpulserhaltung entgegengesetzt gerichtet sein. Dies ist in Abb. 7.1 skizziert.Nach den Regeln der Quan-

---

[8] Und kein Potential, das in irgend einer Bewegungsgleichung erschiene!

[9] Wohl in Anlehnung an die „Antinomien Kants".

[10] A. Einstein, B. Podolsky, N. Rosen: Can quantum-mechanical description of physical reality be considered complete? Phys. Rev. **47** (1935) 777; deutsche Übersetzung in: Der Physikunterricht 1/1978, S. 56

[11] Verantwortlich für deren Polarisation!

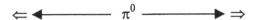

Abb. 7.1. Der Zerfall eines neutralen π-Mesons in zwei Photonen

tenmechanik ist die konkrete Richtung der Spins (also der Polarisation) der Photonen nicht festgelegt, solange sie nicht gemessen werden; sie müssen lediglich entgegengesetzt gerichtet sein, um den Drehimpuls zu erhalten. Im Gedankenexperiment stellen wir uns das System in einem leeren Raum (also ohne Störung) vor und können mit einem Polarisationsanalysator beliebig weit vom zerfallenden Pion weg die Polarisation eines der beiden Photonen bestimmen. Durch diese Messung wird aber nicht nur der Spin dieses Photons festgelegt, sondern – wegen der Drehimpulserhaltung – auch der des anderen, das sich nun doppelt so weit weg befindet! Dies scheint im Widerspruch zur speziellen Relativitätstheorie zu stehen, die ja bekanntlich ausschließt, dass sich Wirkungen schneller als mit Lichtgeschwindigkeit ausbreiten können. Es ist daher verständlich, dass Einstein diesen Einwand als genügend gravierend empfand, um die Quantenmechanik in dieser Form abzulehnen.

Die Lösung dieses Paradoxons haben wir aber schon kennen gelernt! Aufmerksame Leserinnen und Leser sollten bemerkt haben, dass wir – fälschlicherweise – nun wieder vom *einen* und *anderen* Photon gesprochen haben, was wegen der Verschränkung der beiden Teilchen im Sinne von (7.5)[12] sinnlos ist! Es ist eben *nicht* so, dass wir an *einem* der beiden Photonen den Spin messen und dadurch auch am *anderen* einen Spinzustand erzeugen, sondern es gibt nur *ein Doppelphoton*, an dem durch eine Messung die Spinrichtung *beider* Photonen hergestellt wird! Die Verschränkung wird durch die Messung[13] aufgehoben.

Das Paradoxon stellt daher *keinen Widerspruch* zur speziellen Relativitätstheorie dar, wohl aber zur naiven Vorstellung einer „Realität", die – unabhängig von ihrer Beobachtung – in beliebig kleinen, lokalisierbaren Teilen „beschreibbar" ist.[14] Da es sich dabei um jenen entscheidenden Punkt handelt, der zur Ablehnung der Quantenmechanik durch einige ihrer Väter geführt hat, wurde die Frage, ob gemessene

---

[12] Allerdings wegen der Bosonnatur der Photonen in der symmetrischen Form mit positivem Vorzeichen!

[13] Im Sinne eines „Quantensprunges" oder einer „Reduktion der Wellenfunktion".

[14] Siehe dazu die Zitate von Wolfgang Pauli am Ende von Abschn. 5.7.

Eigenschaften von Objekten vor der Messung *nicht existent* oder nur *nicht bekannt* seien, weiter vertieft und einer direkten experimentellen Prüfung zugänglich gemacht. Wenn die Richtung des Spins (oder der Polarisation, inklusive ihrer zirkularen Variante) an beiden Photonen gemessen wird, dann ergeben sich klarerweise Korrelationen. So werden etwa beide Photonen Analysatoren passieren, die parallel gerichtet sind, während bei orthogonaler Einstellung höchstens einer der beiden passiert werden kann.

John Bell konnte zeigen, dass diese Korrelation in Abhängigkeit des Winkels zwischen den beiden Analysatoren für klassische Annahmen (Spinrichtungen existieren vor der Messung, sind aber noch nicht bekannt) und quantenmechanische Annahmen (Spinrichtungen entstehen erst bei der Messung) einen deutlich unterschiedlichen Verlauf hat, wobei für ganz allgemeine klassische Annahmen (Lokalisierbarkeit und Realität) lediglich Ungleichungen[15] gelten. Die entsprechenden Experimente sind heute mit erstaunlicher Präzision durchgeführt und bestätigen eindeutig die Annahmen der Quantenmechanik![16]

Jede Störung des quantenmechanischen Systems wirkt aber wie eine Messung, wodurch die Verschränkung sofort verloren geht. (Man spricht auch vom „Verlust der Kohärenz".) Nur unter speziellen Vorkehrungen kann es gelingen, die Verschränkung (z. B. in Glasfaserkabeln) über viele Kilometer aufrecht zu erhalten.[17] Daher sei besonders gewarnt vor manchen Versuchen, irgendwelche unbekannten Fernwirkungen auf EPR-ähnliche Effekte zurückzuführen oder – in Analogie dazu – als verständlich im Rahmen der Quantenmechanik zu erklären! Allerdings muss zugestanden werden, dass einige quantenmechanische Experimente verblüffend genug sind, um quantenmechanisch weniger Vertraute zu ungesicherten Extrapolationen zu verleiten, da die Gren-

---

[15] J. S. Bell: Physics **1** (1964) 195. Für eine ausführliche Darstellung siehe z. B. H. Weinfurter und A. Zeilinger: Informationsübertragung und Informationsverarbeitung in der Quantenwelt. Phys. Bl. **52** (1996) 219 oder R. Kögerler: Das Bellsche Theorem. In: M. Heindler und F. Moser (Hrsg.): Ganzheitsphysik. Verl. TU Graz (1987) S. 52ff.

[16] P. G. Kwiat et.al., Phys. Rev. Lett. **75** (1995) 4337.

[17] Siehe z. B. A. Muller, H. Zbinden, N. Gisin: Underwater Quantum Coding, Nature **378** (1995) 449.

ze des physikalisch Möglichen noch nicht in allen Aspekten erreicht scheint.[18]

Ähnlich wie beim Heisenbergschen Schnitt (siehe Abschn. 5.8) gibt es auch für verschränkte Zustände keine formal angebbare Grenze ihrer räumlichen und zeitlichen Ausdehnung. Es wird experimentell (oder technisch) zu entscheiden sein, wie weit diese Grenze in tatsächlichen Anordnungen hinausgeschoben werden kann.

7.4 Das Wasserstoffmolekül

Wir wollen nun noch das einfachste Beispiel einer chemischen Bindung – das Wasserstoffmolekül – qualitativ beschreiben; auch in der Schule sollte darauf nicht verzichtet werden, da die chemische Bindung eines jener Phänomene darstellt, die nur mittels der Quantenmechanik zu verstehen sind. Die klassische Physik steht diesem wichtigen Phänomen hilflos gegenüber!

Klassisch betrachtet stellt ein einzelnes Wasserstoffatom ein insgesamt neutrales Kügelchen dar, das eine negative elektrische Elementarladung um einen positiven Kern (das Proton) trägt. Nähern sich zwei solcher Kügelchen, dann werden sich elektrische Kräfte bemerkbar machen, zunächst zwischen den negativen Hüllen, dann auch zwischen den Hüllen und den jeweils anderen Kernen, schließlich – bei genügender Annäherung – auch zwischen den beiden Protonen. Insgesamt überwiegen aber die abstoßenden Kräfte und eine feste Bindung, wie wir sie empirisch aus der Chemie kennen, ist dabei nicht vorstellbar.

Quantenmechanisch stellt sich das Problem völlig anders dar! Zwar können wir bei genügender Entfernung zunächst auch von zwei insgesamt neutralen Kügelchen sprechen; wenn sie einander näher kommen, müssen wir jedoch die Ununterscheidbarkeit der Elektronen berücksichtigen.[19] Die beiden Elektronen bilden einen „verschränkten Zustand", ein einziges „Doppelelektron", das mittels der Wellenfunktion

---

[18] Siehe dazu A. Zeilinger: Quantum Teleportation. Scientific American (April 2000), S. 32.

[19] Genau genommen bilden auch die beiden Kerne (die Protonen) ein Paar ununterscheidbarer Teilchen; im Rahmen der so genannten „Born-Oppenheimer-Näherung" genügt es jedoch, die beiden Kerne als klassische Teilchen zu betrachten.

(7.5) zu beschreiben ist. Nun müssen wir aber den Spin der beiden Elektronen genauer berücksichtigen. Denn die Forderung nach Antisymmetrie der Wellenfunktion (siehe (7.5)) gilt für die gesamte Wellenfunktion, die sich aus dem Spinanteil und dem räumlichen Anteil zusammensetzt.[20] Nun kann der Spinanteil selbst schon entweder symmetrisch oder antisymmetrisch sein. Im ersten Fall muss dann die räumliche Wellenfunktion antisymmetrisch, im letzteren symmetrisch sein, damit die Gesamtwellenfunktion antisymmetrisch bleibt (siehe auch Abschn. 7.2).

Wenn die Spins der beiden Elektronen einander zu einem Gesamtspinvektor der Länge $\hbar$ ergänzen, ist der Spinanteil der Wellenfunktion symmetrisch, ergänzen sie einander zu Spin 0, ist er antisymmetrisch.[21] Ein Spinvektor der Länge $\hbar$ hat drei Einstellungsmöglichkeiten (siehe Anhang A.4), man nennt daher diesen Zustand auch **Spin-Triplett** und den räumlichen Anteil der zugehörigen Wellenfunktion die **Triplettwellenfunktion**. Analog bezeichnet man den Zustand antiparalleler Spins als **Singulett** (manchmal auch Singlett) und die zugehörige Wellenfunktion als **Singulettwellenfunktion**.

Wir nehmen an, dass sich beide Atome im Grundzustand ($n = 1, l = m = 0$) befinden; daher können wir auf die Indizes n_1 und n_2 verzichten, müssen aber durch Indizes A und B anzeigen, zu welchem Kern das Elektron ursprünglich (bei unendlichem Abstand) gehört. Wenn wir in (7.5) nur den räumlichen Anteil anschreiben, so erhalten wir also für die Triplettwellenfunktion

$$\Psi_{AB}^{Tr}(x_1, x_2) \propto [\psi_A(x_1)\psi_B(x_2) - \psi_B(x_1)\psi_A(x_2)] \tag{7.6}$$

und für die Singulettwellenfunktion

$$\Psi_{AB}^{Si}(x_1, x_2) \propto [\psi_A(x_1)\psi_B(x_2) + \psi_B(x_1)\psi_A(x_2)] . \tag{7.7}$$

Nach dem in Abschn. 7.2 Ausgeführten verschwindet die Triplettwellenfunktion für $x_1 = x_2$, also in der Symmetrieebene zwischen den beiden Kernen A und B, während die Singulettwellenfunktion dort gerade ihr Maximum hat. Dort ist also die Ladungsdichte des Doppel-

---

[20] Mathematisch ist die Gesamtwellenfunktion aus dem *direkten Produktraum* von Spinanteil und räumlichem Anteil.

[21] Dies ist plausibel, müsste aber doch formal gezeigt werden, was wir uns aber ersparen wollen.

elektrons entweder Null (Spin-Triplett-Zustand), oder maximal (Spin-Singulett-Zustand).

Anschaulich können wir uns dies so vorstellen: Bei Annäherung der beiden Wasserstoffatome verformen sich die Elektronenhüllen. Im Triplettzustand ziehen sie sich mehr und mehr hinter die Protonen zurück und es überwiegt die elektrostatische Abstoßung der beiden Protonen; es kommt also zu keiner Bindung! Dagegen werden sich die Elektronenhüllen im Singulettzustand bei Annäherung zwischen den Kernen verdichten und die Abstoßung abschirmen. Erst bei weiterer Annäherung überwiegt die Abstoßung, dazwischen gibt es eine Distanz der beiden Kerne (und damit der beiden Atome), bei der die Annäherung gegen den Widerstand der Coulombkraft erfolgt, eine Entfernung aber die zwischen den Kernen konzentrierte Ladungsverteilung aufweiten muss, was ebenfalls Energie verlangt. Es gibt also ein Minimum der Energie und damit einen stabilen Bindungszustand! Es sei nochmals betont, dass dies ein Effekt der Ununterscheidbarkeit der Teilchen ist, der sich nicht durch klassische Modelle beschreiben lässt.

Eine Berechnung des Abstands der Protonen im Wasserstoffmolekül folgt den Richtlinien aus Kap. 6 mit den besprochenen Näherungen; sie ergibt einen Wert von etwa $8 \cdot 10^{-9}$ cm in recht guter Übereinstimmung mit dem experimentellen Wert von $7,4 \cdot 10^{-9}$ cm.

8. Die Zeitabhängigkeit

8.1 Der Messprozess als Ersatz für zeitliche Entwicklung

Obwohl es in diesem Buch nur um das grundlegende Verständnis der quantenmechanischen Denkweise geht, können wir nicht schließen, ohne auch die **Bewegungsgleichung** der Quantenmechanik, also die zeitabhängige Differentialgleichung, kennen gelernt zu haben. Es mag ja überhaupt erstaunen, dass wir vom harmonischen Oszillator, von Drehimpulszuständen und vom K-Einfang reden konnten, ohne je eine zeitabhängige Gleichung anzuschreiben.

Besonders deutlich wird dieses Paradoxon beim α-Zerfall. Ein α-Teilchen in einem radioaktiven Atomkern kann mittels einer zeitunabhängigen Schrödingergleichung als Energieeigenzustand beschrieben werden. Da aber die Wellenfunktion am Rande des Kernes nicht sprunghaft verschwinden kann, vielmehr exponentiell abfällt, gibt es auch außerhalb des Kernes eine nichtverschwindende Wahrscheinlichkeit, das α-Teilchen zu finden. Gemäß dem dritten Postulat des quantenmechanischen Messprozesses kann daher durch eine Ortsmessung das α-Teilchen mit einer bestimmten Wahrscheinlichkeit außerhalb des Kernes hergestellt werden und dies ist der α-Zerfall des betreffenden Atomkerns. Der „Rand" des Kernes wird mathematisch durch einen Potentialwall beschrieben, den das α-Teilchen aus Energiegründen *klassisch* nicht überschreiten kann. Da es nun aber doch nach außen gelangt, spricht man vom so genannten **Tunneleffekt**[1].

Es ist sogar möglich, Streuprozesse mittels der zeitunabhängigen Schrödingergleichung zu beschreiben und sehr viel Physik damit zu er-

---

[1] Die mathematische Beschreibung des Tunneleffekts findet sich in jedem Lehrbuch, wir wollen sie hier nicht wiedergeben.

fassen. Wir wollen dies hier nicht mehr ausführen; lediglich der Ansatz für die Wellenfunktion[2] eines Streuzustandes sei wiedergegeben,

$$\psi(x) = e^{ikz} + f(\vartheta)\frac{e^{ikr}}{r}.$$ (8.1)

In (8.1) sind kartesische Koordinaten und Kugelkoordinaten insofern gemischt, als der erste Term eine einlaufende ebene Welle in Richtung der z-Achse beschreibt, während der zweite Term eine in Richtung ϑ gewichtete, auslaufende Kugelwelle darstellt. Die Wichtungsfunktion $f(\vartheta)$ heißt **Streuamplitude** und ihr Absolutquadrat ist der **differentielle Wirkungsquerschnitt** (siehe Abschn. 2.3)

$$\frac{d\sigma}{d\Omega} = |f(\vartheta)|^2.$$ (8.2)

Der Hamiltonoperator ist identisch mit (4.8), wenn wir für $V(r)$ das Potential einsetzen, an dem die Streuprozesse stattfinden. k ist die Wellenzahl, siehe (4.3), mit der Energie der einfallenden Teilchen (der Masse m) verknüpft durch

$$E = \frac{\hbar^2 k^2}{2m}.$$ (8.3)

Die zeitunabhängige Schrödingergleichung lautet dann

$$\left[\Delta + k^2 - \frac{2m}{\hbar^2}V(r)\right]\psi(x) = 0$$ (8.4)

Wir wollen nun fragen, wie wir sinnvollerweise von „einfallenden" und „auslaufenden" Wellen (oder Teilchen) sprechen konnten, obwohl wir nirgends eine Zeitabhängigkeit berücksichtigen! Zunächst sei der Anschaulichkeit halber noch darauf hingewiesen, dass für Wellenphänomene, wie wir sie z. B. an einer Wasseroberfläche feststellen können, die Interferenz zwischen einer ebenen Welle und einer Kugel- (oder Kreis-)Welle, die von einem Streuzentrum ausgeht, tatsächlich dem Ansatz (8.1) entspricht. Sodann sei darauf verwiesen, dass bei der Streuung von Teilchen meist auf eine wohldefinierte Energie der einfallenden Teilchen geachtet wird; für elastische Streuung bedeutet dies (im

---

[2] So wie die Eigenzustände des Impulses (4.2) ist diese Wellenfunktion nicht normierbar, dies ist jedoch für unsere Zwecke kein wesentliches Problem. Es kann zwar durch Einschränkung auf ein endliches Volumen beseitigt werden, macht aber die Formeln ohne einen Gewinn an physikalischer Einsicht nur komplizierter.

Schwerpunktsystem) dieselbe Energie für die auslaufenden Teilchen. Energieeigenzustände werden aber immer durch die zeitunabhängige Schrödingergleichung beschrieben!

Nach der klassischen Vorstellung spielt sich ein Streuvorgang so ab, dass ein Projektil mit bestimmter Energie auf ein Streuzentrum (im Schwerpunkt von Projektil und Target) geschossen wird, dort die Richtung seines Impulses ändert und schließlich in einem Zählgerät beobachtet wird. Das ist klarerweise ein zeitabhängiger Vorgang, dem auch eine bestimmte Bahn des Projektils bis in den Zähler zugeordnet werden kann.

Demgegenüber ist die quantenmechanische Beschreibung die Folgende: Zunächst wird (meist in einem Beschleuniger, aber auch z. B. durch Kollimation von Zerfallsprodukten etc.) ein Zustand präpariert, der einem Energie- und Impuls-Eigenzustand[3] möglichst nahe kommt und daher durch eine Energieeigenfunktion (wie im ersten Term von (8.1)) zu beschreiben ist. Der Bereich, in dem Projektil und Target in Wechselwirkung treten, kann und darf nicht beschrieben werden, da wir den Bahnbegriff ja aufgeben mussten! Der Existenz des Streuzentrums wird durch den zweiten Term in (8.1) Rechnung getragen. Durch die Anwesenheit von Zählgeräten, die eine Ortsmessung durchführen, gibt es eine bestimmte Wahrscheinlichkeit, das Teilchen schließlich in einem Zähler zu messen, wobei sich nach dem dritten Postulat des Messprozesses (siehe Abschn. 5.9) durch diese Messung das Teilchen tatsächlich im Zähler findet und zwar durch eine „Reduktion der Wellenfunktion".

Wir sehen also, dass der Messprozess die Rolle übernimmt, die im klassischen Bild von der zeitlichen Entwicklung getragen wird! Freilich ist dies auf Prozesse beschränkt, bei denen keine echte Veränderung (außer in der räumlichen Verteilung) stattfindet[4] und wir müssen daher nun auch noch die eigentliche Bewegungsgleichung, die Differentialgleichung bezüglich der Zeit, kennen lernen.

---

[3] Für *freie* Teilchen sind Energie- und Impulsoperator vertauschbar, es gibt also gleichzeitige Eigenzustände.

[4] Schon bei inelastischen Streuprozessen gilt das Gesagte nicht mehr, kann aber durch die Ad-hoc-Annahme eines komplexen Potentials gerade noch gerettet werden.

8.2 Die zeitabhängige Schrödingergleichung

In (4.1) haben wir die Quantisierungsvorschrift nach Schrödinger angegeben und erklärt, warum sie nicht weiter begründet werden soll. In der gleichen Weise wollen wir nun wegen der Erfolge einfach akzeptieren,[5] dass sie hinsichtlich der zeitlichen Ableitung zu ergänzen ist durch

$$E \rightarrow \mathrm{i}\hbar\frac{\partial}{\partial t} \, . \tag{8.5}$$

Gleichung (8.5) ist in *formaler Analogie* zu (4.1) zu verstehen! Sie bedeutet *nicht*, dass etwa zwischen Zeit und Energie eine ähnliche Beziehung besteht wie zwischen Ort und Impuls ((4.5) kann nicht in analoger Weise übertragen werden). Der Zeitparameter t wird nicht als Operator verstanden; wohl aber gilt für definierte Zeitspannen, etwa die **Lebensdauer** τ eines angeregten Zustandes (z. B. im Wasserstoffatom), eine zur Unschärferelation (2.17) analoge Beziehung. Sie definiert die **natürliche Linienbreite** Γ eines instabilen Zustandes durch die Beziehung[6] $\Gamma \cdot \tau = \hbar$.

Mit (8.5) wird die zeitabhängige Schrödingergleichung, die **Bewegungsgleichung** der Quantenmechanik:

$$\underline{H}\psi = \mathrm{i}\hbar\frac{\partial \psi}{\partial t} \, . \tag{8.6}$$

Der Hamiltonoperator bleibt der gleiche wie bei den bisher betrachteten, zeitunabhängigen Problemen. Aber die Wellenfunktion ist nun auch zeitabhängig

$$\psi = \psi(\boldsymbol{x}, t) \tag{8.7}$$

Nun sehen wir aber sofort, dass (8.6) durch den Ansatz

$$\psi(\boldsymbol{x}, t) = \psi(\boldsymbol{x}, 0) \cdot \mathrm{e}^{-\mathrm{i}Et/\hbar} \tag{8.8}$$

mit

$$\underline{H}\psi(\boldsymbol{x}, 0) = \underline{E}\psi(\boldsymbol{x}, 0) \tag{8.9}$$

---

[5] Details, wie z. B. das Vorzeichen, können freilich aus Invarianz- und Symmetriebetrachtungen begründet werden. (Es sei an die ebene Welle $\exp(\boldsymbol{k}\boldsymbol{x} - \omega t)$ erinnert!)

[6] Der mathematische Nachweis dafür übersteigt den Rahmen dieses Buches.

in die Energieeigenwertgleichung (4.10) zurückgeführt werden kann. Alles, was wir bisher im Rahmen der zeitunabhängigen Quantenmechanik abgeleitet haben, bleibt also bestehen; es ist lediglich zu den Eigenzuständen der Energie eine komplexe Phase gemäß (8.8) hinzuzufügen, die aber beim Bilden des Absolutquadrates wegfällt und damit die obigen physikalischen Ergebnisse unverändert lässt. Die Bewegungsgleichung (8.6) gilt aber nun allgemein, auch für Zustände, die sich nicht gemäß (8.8) separieren lassen, deren Zeitabhängigkeit sich also nicht in einer komplexen Phase erschöpft. Damit können auch Umwandlungsprozesse (inklusive inelastischer Streuung) und Übergangsprozesse (z. B. zwischen den Eigenzuständen von Atomen) beschrieben werden.

Einen interessanten Fall stellt der um die Distanz d ausgelenkte, harmonische Oszillator dar (siehe Abschn. 5.5!). Wenn wir (5.14) als Anfangszustand zum Zeitpunkt $t = 0$ betrachten, dann ergibt eine längere Rechnung (siehe Anhang A.5) die Zeitabhängigkeit in der Form

$$|\psi_d(x,t)|^2 = \sqrt{\frac{m\omega}{\pi\hbar}} \cdot e^{-m\omega[x-d\cdot\cos(\omega t)]^2/\hbar} \tag{8.10}$$

Das Wellenpaket oszilliert also mit der klassischen Eigenfrequenz und Amplitude, ohne seine Form dabei zu verändern. Dies ist die dritte, charakteristische Eigenschaft[7] von so genannten kohärenten Zuständen.

8.3! Die Bewegungsgleichung nach Heisenberg

In den 20er Jahren des 20. Jahrhunderts wurde die Quantenmechanik unabhängig von Schrödinger und dem Kopenhagener Kreis um Niels Bohr, dem vor allem Heisenberg diente, entwickelt. Erst später wurde gezeigt, dass „Wellenmechanik" und „Matrizenmechanik" äquivalente Formulierungen derselben physikalischen Theorie darstellen. Nur in der Zeitabhängigkeit sind die Unterschiede so weit stehen geblieben, dass wir auch heute noch vom **Schrödingerbild** und vom **Heisenbergbild** sprechen.

Die oben abgeleitete Bewegungsgleichung stellt die Zeitabhängigkeit im Schrödingerbild dar. Dabei sind die Zustände zeitabhängig, die

---

[7] Neben den beiden in Abschn. 5.5!, Fußnote 22, erwähnten.

Operatoren jedoch zeitunabhängig. Wir werden sehen, dass dies im Heisenbergbild genau umgekehrt ist, dort sind die Zustände zeitunabhängig und die Operatoren zeitabhängig.

Selbstverständlich müssen die experimentellen Voraussagen identisch sein. Wir schreiben daher nochmals die Definition des Erwartungswertes, (5.24), an, nun aber für zeitabhängige Zustände,

$$\bar{\omega} = \int dx \psi^*(x, t) \Omega \psi(x, t) \ . \tag{8.11}$$

Nun können wir die Lösung der zeitabhängigen Schrödingergleichung (8.6) formal schreiben[8] als

$$\psi(x, t) = e^{-i\underline{H}t/\hbar} \cdot \psi(x, 0) \ . \tag{8.12}$$

Denn eine Entwicklung für kleine t ergibt

$$\psi(x, t) = \left(1 - \frac{i}{\hbar} t \underline{H}\right) \psi(x, 0) + O(t^2) \ ,$$

und wegen

$$\lim_{t \to \infty} \frac{\psi(x, t) - \psi(x, 0)}{t} \to \frac{\partial \psi}{\partial t}$$

erfüllt (8.12) die Schrödingergleichung (8.6).

Wir können den Erwartungswert (8.11) also formal auch schreiben als

$$\bar{\omega} = \int dx \cdot \psi^*(x, 0) e^{i\underline{H}t/\hbar} \Omega e^{-i\underline{H}t/\hbar} \psi(x, 0) \ . \tag{8.13}$$

Nun ist sofort ersichtlich, dass der Erwartungswert unverändert bleibt, wenn wir die beiden Exponentialfunktionen zum Operator rechnen; dies ist die Zeitentwicklung im Heisenbergbild. Demnach gilt dort

$$\Omega(t) = e^{i\underline{H}t/\hbar} \Omega(0) e^{-i\underline{H}t/\hbar} \ . \tag{8.14}$$

Für kleine t gilt wieder wie oben[9]

---

[8] Die Funktion eines Operators ist definiert durch ihre Potenzreihenentwicklung oder dadurch, dass ihre Anwendung auf einen beliebigen Eigenzustand des Operators die Funktion des zugehörigen Eigenwerts ergibt. (Wir setzen voraus, dass Ω und $\underline{H}$ nicht explizit zeitabhängig sind.)

[9] Terme höherer Ordnung in t, die uns nicht interessieren, fassen wir – wie üblich – mit $O(t^2)$ zusammen.

$$\Omega(t) = \left(1 - \frac{i}{\hbar}t\underline{H}\right)\Omega(0)\left(1 - \frac{i}{\hbar}t\underline{H}\right)$$

$$= \Omega(0) + \frac{i}{\hbar}t[\underline{H}, \Omega(0)] + O(t^2)$$

und somit[10]

$$\dot{\Omega} = \frac{i}{\hbar}[\underline{H}, \Omega] , \qquad (8.15)$$

wobei wir die zeitliche Ableitung des Operators durch den Punkt bezeichnet haben; dies ist die Bewegungsgleichung im Heisenbergbild.

8.4! Das Ehrenfesttheorem

Wir wollen abschließend noch einmal eine Beziehung zur klassischen Physik herstellen, wie wir dies schon in den Abschn. 5.8 und 6.5 getan haben. Dazu betrachten wir die zeitabhängige Wellenfunktion des ausgelenkten, harmonischen Oszillators, (A.46). Bilden wir den Erwartungswert des Ortsoperators gemäß (5.24), so erhalten wir

$$\bar{x} = \int_{-\infty}^{\infty} dx \cdot \psi_d^*(x, t) \cdot x \cdot \psi_d(x, t)$$

$$= \sqrt{\frac{m\omega}{\hbar\pi}} \int_{-\infty}^{\infty} dx \cdot x \cdot e^{-m\omega[x - d \cdot \cos(\omega t)]^2 / \hbar} . \qquad (8.16)$$

Mittels der Variablentransformation

$$x - d \cdot \cos(\omega t) = x' ,$$

welche die Grenzen des Integrals unverändert lässt, ergibt sich das Integral in (8.16) aus Symmetriegründen[11] und wegen (4.35) zu

$$\bar{x} = d \cdot \cos(\omega t) . \qquad (8.17)$$

---

[10] Für explizit zeitabhängige Operatoren lautet die Gleichung

$$\frac{d\Omega}{dt} = \frac{i}{\hbar}\left[\underline{H}, \Omega\right] + \frac{\partial\Omega}{\partial t}.$$

[11] Das Integral über den ungeraden Teil der Funktion muss verschwinden!

Der Erwartungswert des Ortes folgt also dem klassischen Gesetz des harmonischen Oszillators.

Betrachten wir zum Schluss noch den Erwartungswert des Impulses

$$\bar{p} = \int_{-\infty}^{\infty} dx \psi_d^*(x, t) \left(-i\hbar \frac{\partial}{\partial x} \right) \psi_d(x, t) \,. \tag{8.18}$$

Einsetzen von (A.46) ergibt[12]

$$\bar{p} = \sqrt{\frac{m\omega}{\hbar\pi}} \int_{-\infty}^{\infty} dx \cdot e^{-m\omega[x - d\cdot\cos(\omega t)]^2 / \hbar}$$

$$\cdot \left(-i\hbar \left(\frac{-m\omega}{\hbar} \right) \{ [x - d\cos(\omega t)] - i[d\sin(\omega t)] \} \right) \,.$$

Der erste Term in der eckigen Klammer stellt wieder eine ungerade Funktion dar und verschwindet daher; damit wird das Integral wegen (4.35) zu

$$\bar{p} = -m\omega d \sin(\omega t) \,. \tag{8.19}$$

Auch der Erwartungswert des Impulses folgt also dem klassischen Gesetz.

Wir haben damit einen speziellen Fall des allgemeiner gültigen Theorems von Ehrenfest kennengelernt, wonach die Erwartungswerte (für Wellenpakete) den klassischen Gesetzen folgen.

---

[12] Wir sehen, dass nun der Imaginärteil des Exponenten (die Phase) wichtig wird!

Ausblick

Liebe Leserin, lieber Leser!

Wenn Sie sich bis hierher durchgearbeitet haben – auch unter eventueller Auslassung der im Vorwort bezeichneten Kapitel und Abschnitte – dann sollten Sie ein erstes Verständnis der Gedankenwelt der Quantenmechanik gewonnen haben! Kehren wir nochmals gemeinsam an die eingangs (im Vorwort) gewählten Worte zurück: Wenn wir aus der Quantenmechanik alle Widersprüche, die wir eliminieren können, entfernt haben, aber bei denjenigen Widersprüchen, die dann noch übrig bleiben, erkannt haben, *warum* sie nicht zu eliminieren sind, und wir sie überdies handhaben können, dann haben wir die Quantenmechanik in einem weiteren Sinne auch „verstanden". Auf Anschaulichkeit im klassischen Sinne müssen wir dann freilich verzichten!

Um sicher zu stellen, dass wir alle eliminierbaren Widersprüche erfasst und entfernt haben, konnten wir auf die mathematische Beschreibung nicht verzichten, denn gerade diese garantiert uns die Widerspruchsfreiheit. Aus diesem Grund ist es auch höchst problematisch, Quantenmechanik etwa nur verbal oder in Bildern vermitteln zu wollen. Ein Minimum an Formalismus – zum Beispiel die Unschärferelation und die (elementare) Rechnung von Abschn. 2.7 – darf auch im Schulunterricht nicht fehlen. In diesem Buch sind wir freilich weit über dieses Minimum hinausgegangen, weil wir uns eben nicht mit oberflächlichem Kennenlernen begnügen wollten, sondern zeigen konnten, dass Quantenmechanik eben auch „verstanden" werden kann.

Andererseits darf sich der Unterricht in Quantenmechanik niemals auf bloße Formalien, wie etwa die Liste der Quantenzahlen des Wasserstoffatoms, beschränken, denn unverstandenes Wissen ist schlechter als Unwissen! Heute – im 21. Jahrhundert – gehört die Quantenmechanik bereits zur Physik des vorigen Jahrhunderts und kann deshalb auch nicht mit der Ausrede, es handle sich um neuere, schwierige Entwicklungen, weggelassen werden. Schließlich ist gerade die Tatsache, dass es einer physikalischen Theorie gelungen ist, einen wesentlichen Widerspruch neben der mathematischen Ausformulierung in der Interpretation stehen zu lassen, ein so gewaltiger Fortschritt, dass sie schon wegen ihrer Analogie zu anderen Problemen aus der Allgemeinbildung nicht mehr wegzudenken sein sollte. Immer wieder werden Probleme, die nicht so ohne Weiteres widerspruchsfrei zu machen sind, als analog zur Quantenmechanik eingestuft und Begriffe wie „Komplementarität" oder „Dualismus" sind neben dem (oft leider fälschlich verwendeten) „Quantensprung" in die Alltagssprache aufgenommen worden. So schreibt etwa Ilya Prigogine:[1]

„In der Quantenmechanik gibt es Observable, deren numerische Werte sich nicht gleichzeitig bestimmen lassen. Hier gelangen wir zu einer neuen Art von Komplementarität, nunmehr zwischen der dynamischen und der thermodynamischen Beschreibung."

Und der Psychologe und Bildungswissenschaftler Carl Rogers schreibt:[2]

„Wir werden mit der Erkenntnis leben müssen, dass es genau so nutzlos und engstirnig wäre, die Realität der Erfahrung von verantwortungsvoller, persönlicher Entscheidung zu leugnen, wie die Möglichkeit einer Verhaltenswissenschaft zu verneinen. Der Widerspruch, der zwischen diesen zwei wichtigen Elementen unserer Erfahrung offensichtlich besteht, ist vielleicht von gleicher Bedeutung wie der Widerspruch zwischen der Wellentheorie und der Korpuskeltheorie des Lichts, ... "

Doch zurück zur Physik!

Als Grundlage für den Physikunterricht sollte das hier Dargestellte ausreichen; wenn Sie sich weiter in die Quantenmechanik vertiefen wollen, dann stehen Ihnen viele Lehrwerke zur Verfügung – es gibt kaum ein Gebiet der Physik, das so oft und in so verschiedener Hinsicht in Lehrbüchern dargestellt wurde. Die Auswahl sollten Sie selbst treffen, denn gerade bei einem begrifflich schwierigen Gebiet ist auch die ganz persönliche Vorliebe für Kleinigkeiten (wie Schreibweise, graphische Ausarbeitung der Formeln, etc.) vorteilhaft für den Lernerfolg.

---

[1] Ilya Prigogine: Vom Sein zum Werden. Piper, München (1979) S. 182.
[2] Carl R. Rogers: Entwicklung der Persönlichkeit. Ernst Klett, Stuttgart (1973) S. 388.

Mir liegt nur noch daran, Ihnen mitzuteilen, welche Teilgebiete der Quantenmechanik, die hier nicht beachtet wurden, im Gesamtbild wichtig sind: Die Störungstheorie und die Ausarbeitung zeitabhängiger Probleme sowie manche wichtige Anwendung (spezielle Effekte der Quantenmechanik) haben wir hier nicht behandelt; für eine Vertiefung des Formalismus ist vor allem die Darstellung der Quantenmechanik im Hilbertraum notwendig.

All dies ist für diejenigen notwendig, die sich weiter in die Quantenmechanik einarbeiten wollen. Für Lehrerinnen und Lehrer, die wohl weniger über den mathematischen Apparat reflektieren, wäre es vielleicht wünschenswert, die Elemente der relativistischen Quantenmechanik kennen zu lernen, weil daraus die Voraussage der Existenz von Antiteilchen (und Antimaterie) folgt; ein spannendes Gebiet, das wohl auch im Unterricht eingebaut werden sollte.

Was immer Sie nun weiter angehen werden, ich wünsche Ihnen dazu viel Erfolg und vor allem Spaß, und hoffe, dass ich mit diesem Buch den Grundstein dazu legen konnte.

Anhang

A.1 Der Rutherfordsche Streuquerschnitt

Für alle Potentiale $\sim 1/r$ gilt das verallgemeinerte Keplersche Gesetz, wonach die Bahnen eines Teilchens in diesem Potential Kegelschnitte sind, in deren einem Brennpunkt das Zentrum des Potentials liegt. Für Streuzustände sind die Bahnen Hyperbeln, der Streuwinkel ist der Winkel zwischen den Asymptoten; bei abstoßenden Kräften liegt das Streuzentrum außerhalb der Bahnhyperbel, also im gegenüberliegenden Brennpunkt. Dies ist in Abb. A.1 skizziert. Der klassische Impaktparameter ist der Normalabstand der Asymptote des einfallenden Teilchens vom Brennpunkt, also vom Streuzentrum. Wie aus Abb. A.1 zu entnehmen ist, entspricht dies gerade der Länge der kleinen Halbachse B,

$$b = B = \varepsilon \cdot \cos \frac{\theta}{2},$$

wobei für den Abstand des Brennpunktes vom Achsenmittelpunkt

$$\varepsilon = \sqrt{A^2 + B^2}$$

gilt, wenn A die Länge der großen Halbachse ist. Um die gewünschte Beziehung zwischen b und θ zu erhalten, müssen wir noch ε durch physikalische Größen ausdrücken; dazu benutzen wir die Erhaltungssätze von Energie und Drehimpuls. Wir nehmen das Potential in der Form (2.8) an und setzen die Energie E im (asymptotisch gedachten) Anfangszustand der Energie im Scheitelpunkt der Hyperbel gleich:

$$\frac{m}{2} \cdot v_\infty^2 = \frac{m}{2} \cdot v^2 + \frac{Q_1 Q_2}{A + \varepsilon}. \tag{A.1}$$

Gleichsetzen des Drehimpulses an denselben Orten ergibt

$$b \cdot mv_\infty = (A + \varepsilon) \cdot mv \tag{A.2}$$

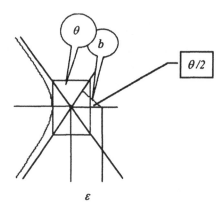

Abb. A.1. Die Hyperbelbahn in einem abstoßenden Coulombpotential

oder zusammengenommen

$$b\sqrt{2mE} = (A + \varepsilon) \cdot mv$$

mit

$$E = \frac{m}{2} \cdot v_\infty^2 \ .$$

Wegen

$$A + \varepsilon = \varepsilon \left(1 + \sin \frac{\theta}{2} \right) = b \cdot \frac{1 + \sin(\theta/2)}{\cos(\theta/2)}$$

erhalten wir

$$E = \frac{m}{2} \cdot v_\infty^2 = \frac{m}{2} \cdot v^2 + \frac{Q_1 Q_2}{b} \cdot \frac{\cos(\theta/2)}{1 + \sin(\theta/2)} \ ,$$

$$b^2 \cdot 2mE = m^2 v^2 \cdot b^2 \frac{[1 + \sin(\theta/2)]^2}{\cos(\theta/2)} \ .$$

Die zweite Gleichung lautet, gekürzt,

$$\frac{m}{2} v^2 = \frac{E \cos^2(\theta/2)}{[1 + \sin(\theta/2)]^2}$$

und ergibt, in die erste Gleichung eingesetzt,

$$E = \frac{E \cos^2(\theta/2)}{[1 + \sin(\theta/2)]^2} + \frac{Q_1 Q_2}{b} \cdot \frac{\cos(\theta/2)}{1 + \sin(\theta/2)} \ ,$$

woraus sich schließlich – nach einfachen Rechnungen – die gewünschte Beziehung zwischen Impaktparameter und Streuwinkel, (2.9), ergibt.

A.2 Rechenregeln für die δ-Funktion

Gleichungen, in denen die δ-Funktion vorkommt, sind immer so zu verstehen, wie wenn sie der Integrand eines Integrals wären, dessen Integrationsintervall die Nullstelle des Arguments der δ-Funktion enthält.[1]

Definition:

$$\delta(x) = 0 \qquad \text{für} \quad x \neq 0 \,,$$

$$\int_{-\infty}^{\infty} dx \cdot \delta(x) = 1 \,.$$

Die Diracsche δ-Funktion stellt gewissermaßen die kontinuierliche Verallgemeinerung des Kroneckerschen δ_{ik} dar; sie kann als „Dichtefunktion" eines Massenpunktes (Teilchens) aufgefaßt werden und trägt daher zur formalen Bewältigung des Problems der Quantenmechanik bei, indem sie Begriffe der Kontinuumsphysik und der Physik diskreter Massenpunkte verknüpft (siehe Kap. 1),

$$x \cdot \delta(x - x_0) = x_0 \cdot \delta(x - x_0) \,.$$

Im Sinne des eingangs Gesagten kann dies auch in der integrierten Form geschrieben werden:

$$\int_{-\infty}^{\infty} dx \cdot f(x) \cdot \delta(x - x_0) = f(x_0) \,.$$

Dies steht in formaler Analogie zur Gleichung

$$\sum_{k} x_k \cdot \delta_{kl} = x_l \,.$$

Weiterhin gilt:

---

[1] Genau genommen müsste die δ-Funktion als Distribution („verallgemeinerte Funktion") über einem Raum von Testfunktionen definiert werden; siehe z. B. I. M. Gelfand und G. E. Schilow: Verallgemeinerte Funktionen (Distributionen). VEB Deutscher Verlag der Wissenschaften, Berlin (1960).

$$\delta(-x) = \delta(x) \, ,$$

$$x \cdot \delta(x) = 0 \, .$$

Durch Substitution der Integrationsvariablen erhält man

$$\delta(ax) = \frac{1}{|a|}\delta(x) \, ,$$

$$\delta(x^2 - a^2) = \frac{1}{2|a|}[\delta(x - a) + \delta(x + a)] \, ,$$

$$\delta[f(x)] = \sum_i \frac{\delta(x - x_i)}{|f'(x_i)|} \qquad \text{mit} \quad f(x_i) = 0 \, .$$

Darstellung als Ableitung der Stufenfunktion Θ

$$\Theta(x) = \begin{cases} 1 & x > 0 \\ & \text{für} \\ 0 & x < 0 \end{cases} \, ,$$

$$\delta(x) = \frac{\mathrm{d}}{\mathrm{d}x}\Theta(x) \, .$$

Grenzwertdarstellungen der δ-Funktion:

$$\delta(x) = \lim_{\alpha \to 0} \frac{\alpha}{\alpha^2 + x^2} \cdot \frac{1}{\pi} \, ,$$

$$\delta(x) = \lim_{K \to \infty} \frac{\sin(Kx)}{\pi x} \, ,$$

$$\delta(x) = \frac{1}{\pi} \lim_{\alpha \to 0} \int_0^\infty \mathrm{d}k \cdot \mathrm{e}^{-\alpha k} \cos(kx) \, .$$

Fourier-Darstellung der δ-Funktion

$$\delta(x) = \frac{1}{2\pi} \int_{-\infty}^{\infty} e^{ikx} \cdot dk = \frac{1}{\pi} \int_{0}^{\infty} \cos(kx) \cdot dk$$

A.3 Leiteroperatoren

Als Leiteroperatoren bezüglich einer Observablen[2] H bezeichnet man ein Paar von wechselweise hermitesch konjugierten Operatoren (z. B. $E_\pm$)

$$E_+^\dagger = E_- \,,$$

$$E_-^\dagger = E_+ \,,$$

welche mit H den Vertauschungsregeln

$$[H, E_\pm] = \pm\omega E_\pm \tag{A.3}$$

genügen. Wir wollen nun zeigen, dass eine derartige Observable H, für die ein zugehöriges Paar von Leiteroperatoren existiert, ein äquidistantes Eigenwertspektrum hat.

Seien die Eigenwerte und -funktionen von H

$$H u_n = \omega_n \cdot u_n \tag{A.4}$$

Schreiben wir die Vertauschungsregeln (A.3) explizit aus und multiplizieren wir von rechts mit den Eigenfunktionen u_n, so erhalten wir

$$H E_\pm u_n - E_\pm H u_n = \pm\omega E_\pm u_n$$

oder, wegen der Eigenwertgleichung (A.4),

$$H w_\pm = (\omega_n \pm \omega) w_\pm \tag{A.5}$$

mit

$$w_\pm = E_\pm u_n \,. \tag{A.6}$$

$w_\pm$ ist wegen (A.5) selbst wieder eine (nicht notwendigerweise normierte) Eigenfunktion von H, da die u_n ein vollständiges System bilden, müssen die $w_\pm$ – bis auf einen konstanten Faktor – mit je einem der

---

[2] Also eines hermiteschen Operators!

$\{u_n\}$ zu identifizieren sein. Die Eigenwerte von $w_\pm$ unterscheiden sich von dem von u_n gerade um $\pm\omega$. Da n beliebig war, sehen wir nun, dass neben *jedem beliebigen* Eigenwert ω_n zwei weitere Eigenwerte $\omega_n \pm \omega$ zu finden sind. Eine Ausnahme bildet der kleinste Eigenwert ω_0, der den Grundzustand[3] (z. B. des harmonischen Oszillators) definiert. Er lässt keinen kleineren Eigenwert zu; für die zugehörige Grundzustandseigenfunktion u_0 muss daher gelten

$$E_- u_0 = 0 \qquad\qquad (A.7)$$

Wenden wir nun E_+ auf den Grundzustand an, so erhalten wir einen um ω größeren Eigenwert. Zwischen ihm und dem Grundzustand kann aber kein weiterer mehr liegen,[4] denn die Anwendung von E_- würde sonst zu einem kleineren Eigenwert als ω_0 führen, was aber der Definition des Grundzustandes widerspricht. Wir sehen also, dass die Anwendung von E_+ zum nächst höheren Eigenzustand führt (und entsprechend die Anwendung von E_- zum nächst tieferen)!

Gleichung (A.6) wird also zu

$$E_\pm u_n = c_{n\pm1}u_{n\pm1} \, . \qquad\qquad (A.8)$$

wobei die Konstanten $c_{n\pm1}$ aus der Normierungsbedingung (3.3) zu berechnen sind.

Das Eigenwertspektrum ist

$$\omega_n = \omega_0 + n \cdot \omega \, . \qquad\qquad (A.9)$$

Die Eigenwerte sind also äquidistant wie die Sprossen einer Leiter[5] und die Operatoren $E_\pm$ führen von einer „Sprosse" zur nächst höheren (bzw. nächst tieferen).

A.4 Die Eigenwerte und -funktionen des Drehimpulses

In Abschn. 6.2! haben wir gezeigt, dass L^2 und L_3 vertauschbar sind, also gleichzeitige Eigenfunktionen haben. Wir wollen sie – dem üblichen Gebrauch folgend – mit $Y_{l,m}$ bezeichnen, wobei l die Eigenfunktionen von L^2 und m die von L_3 durchnummerieren soll.

---

[3] Allgemeiner: den Zustand mit dem kleinsten Eigenwert.

[4] Wir setzen voraus, dass es nur einen eindeutigen Grundzustand gibt!

[5] Daher der Name „Leiteroperatoren".

Die beiden Eigenwertgleichungen lauten dann

$$L^2 Y_{l,m} = \lambda_l \hbar^2 Y_{l,m} ,$$ (A.10a)

$$L_3 Y_{l,m} = \mu_m \hbar^2 Y_{l,m} .$$ (A.10b)

Wir haben $\hbar$ explizit herausgehoben, um die Eigenwerte λ_l und μ_m dimensionslos zu lassen. Die Eigenfunktionen des Drehimpulses, $Y_{l,m}$, heißen **Kugelflächenfunktionen** und sind nur Funktionen der Winkel ϑ und φ.

Zunächst wollen wir die einfachere Gleichung (A.10b) betrachten. Der Operator L_3 ist nach (6.3) und (4.1) gegeben durch

$$L_3 = -i\hbar \left(x_1 \frac{\partial}{\partial x_2} - x_2 \frac{\partial}{\partial x_1} \right) .$$ (A.11)

In Polarkoordinaten (siehe (6.2)) wird dies

$$L_3 = -i\hbar \frac{\partial}{\partial \varphi} .$$ (A.12)

Nennen wir die Eigenfunktionen dieses Operators zunächst einfach $u_m(\varphi)$, dann gilt

$$u_m(\varphi) \propto e^{im\varphi} ,$$ (A.13)

wobei die Eigenwerte einfach m sind. Wegen der geforderten Eindeutigkeit der Wellenfunktionen gilt $u_m(\varphi + 2\pi) = u_m(\varphi)$ und m muss eine **ganze Zahl** sein.[6] Es gilt also

$$\mu_m = m$$ (A.14)

und

$$Y_{l,m}(\vartheta, \varphi) = P_{l,m}(\vartheta) \cdot e^{im\varphi} ,$$ (A.15)

wobei die $P_{l,m}(\vartheta)$ **zugeordnete Legendre-Polynome** genannt werden.

Um nun auch die Eigenwerte λ_m zu bestimmen, definieren wir zunächst zwei neue Operatoren

$$L_\pm = L_1 \pm iL_2 .$$ (A.16)

---

[6] Die Ganzzahligkeit von m ist eine Folge unserer Annahme, dass die Eigenfunktionen räumlich dargestellt werden können, also Funktionen der Koordinaten oder Winkel sind (siehe weiter unten).

Ihre Vertauschungsregeln können nach den aus Abschn. 6.2! vertrauten Verfahren berechnet werden und wir erhalten

$$[L_3, L_\pm] = \pm\hbar L_\pm \,, \tag{A.17a}$$

$$[L_+, L_-] = 2\hbar L_3 \,. \tag{A.17b}$$

Ein Vergleich mit (A.3) zeigt sofort, dass die Operatoren $L_\pm$ Leiteroperatoren zu L_3 sind! Wir wissen also, dass die Eigenwerte von L_3 äquidistant mit einem Abstand $\hbar$ sind und können weiterhin ansetzen

$$L_+ Y_{l,m} = c_+(m)\hbar Y_{l,m+1} \,, \tag{A.18a}$$

$$L_- Y_{l,m} = c_-(m)\hbar Y_{l,m-1} \,. \tag{A.18b}$$

Aus der Äquidistanz und der Symmetrie bezüglich positiver und negativer z-Achse folgt schon, dass die Eigenwerte von L_3 nur ganzzahlige oder halbzahlige Vielfache von $\hbar$ sein können! Dies ist eine Konsequenz der algebraischen Struktur der Drehimpulsoperatoren. Die Einschränkung auf ganzzahlige m folgt aus der Darstellung der Drehimpulsoperatoren durch Differentialoperatoren, also auf Größen im normalen Konfigurationsraum. Dies entspricht einer Einschränkung des **Bahndrehimpuls**. Wir haben schon in Abschn. 5.4 erfahren, dass der **Eigendrehimpuls** oder **Spin**, der nicht im Konfigurationsraum zu interpretieren ist, auch halbzahlige Werte von m zulässt.

Um die Koeffizienten $c_\pm$ zu berechnen, kehren wir zunächst die Definitionsgleichungen (A.16) um:

$$L_1 = \frac{1}{2}(L_+ + L_-) \,, \tag{A.19a}$$

$$L_2 = \frac{1}{2i}(L_+ - L_-) \,. \tag{A.19b}$$

Damit können wir L^2 nun durch die Leiteroperatoren

$$L^2 = L_3^2 - \hbar L_3 + L_+ L_- = L_3^2 + \hbar L_3 + L_- L_+ \tag{A.20}$$

ausdrücken. Wenden wir diese Operatorgleichungen auf die Eigenfunktionen $Y_{l,m}$ an, so erhalten wir unter Berücksichtigung von (A.10b) und (A.18a, b)

$$\lambda_l = m^2 - m + c_-(m)c_+(m-1) \,,$$

$$\lambda_l = m^2 + m + c_+(m)c_-(m+1) \,.$$

Diese Gleichungen werden durch den Ansatz

$$c_+(m) = \sqrt{\lambda_l - m(m+1)} \,,$$

$$c_-(m) = \sqrt{\lambda_l - m(m-1)}$$

befriedigt. Natürlich gilt auch in der Quantenmechanik der klassische Satz, dass die Komponente eines Vektors nicht länger als der gesamte Vektor sein kann. Wir verlangen daher für $m = \pm l$ dass gilt

$$c_+(l) = 0 \,,$$

$$c_-(-l) = 0 \,,$$

woraus

$$\lambda_l = l(l+1) \tag{A.21}$$

folgt. Damit haben wir die Eigenwerte bestimmt und wollen nochmals die Eigenwertgleichungen anschreiben:

$$L^2 Y_{l,m} = l(l+1)\hbar Y_{l,m} \,, \tag{A.22}$$

$$L_3 Y_{l,m} = m\hbar Y_{l,m} \,. \tag{A.23}$$

Der Grund, warum die Gesamtlänge des Drehimpulsvektors immer etwas größer ist als die maximale Komponente, ist ganz ähnlich der Ursache für die Grundzustandsenergie des harmonischen Oszillators (siehe (4.32) und die folgende Diskussion). Wäre nämlich die Länge des Vektors gleich der maximalen dritten Komponente, dann wüssten wir (in der Lage parallel zur z-Achse), dass die beiden anderen Komponenten verschwinden müssen. Wir würden also alle drei Komponenten genau kennen und dies widerspricht den Vertauschungsrelationen (6.8).

Es hat sich aber die **Sprechweise** eingebürgert, vom „Drehimpuls der Länge $l\hbar$" zu reden. Damit ist gemeint, dass die maximale Länge *einer Komponente* wohl gerade $l\hbar$ ist, dass die Länge des *Gesamtvektors* jedoch gegeben ist durch $\hbar\sqrt{l(l+1)}$! Wenn wir also etwa vom „Spin 1/2" sprechen, dann meinen wir damit den Eigendrehimpuls der Länge $(\hbar/2)\sqrt{3}$.

Wenn wir nun auch die Eigenfunktionen berechnen wollen, dann müssen wir zunächst analog zu (A.11) und (A.12) auch die übrigen

Komponenten des Drehimpulsvektors in Polarkoordinaten ausdrücken:

$$L_1 = i\hbar \left(\sin\varphi \cdot \frac{\partial}{\partial\vartheta} + \cot\vartheta \cdot \cos\varphi \cdot \frac{\partial}{\partial\varphi} \right) , \qquad (A.24a)$$

$$L_2 = i\hbar \left(-\cos\varphi \cdot \frac{\partial}{\partial\vartheta} + \cot\vartheta \cdot \sin\varphi \cdot \frac{\partial}{\partial\varphi} \right) . \qquad (A.24b)$$

Damit erhalten wir aus (A.16) die Leiteroperatoren

$$L_\pm = \hbar e^{\pm i\varphi} \left(\pm\frac{\partial}{\partial\vartheta} + i\cot\vartheta \cdot \frac{\partial}{\partial\varphi} \right) . \qquad (A.25)$$

Nun folgt aus (A.18a)

$$L_+ Y_{l,l} = 0$$

und mit (A.15) die einfache Differentialgleichung für $P_{l,l}$

$$\left(\frac{\partial}{\partial\vartheta} - l \cdot \cot\vartheta \right) P_{l,l}(\vartheta) = 0 . \qquad (A.26)$$

Damit können wir wegen (A.15) alle $Y_{l,l}$ berechnen; die übrigen folgen aus (A.18b).

Die Normierungsbedingung für die Kugelflächenfunktionen lautet

$$\int_0^{2\pi} d\varphi \int_{-1}^1 d(\cos\vartheta)|Y_{l,m}(\vartheta,\varphi)|^2 = 1 . \qquad (A.27)$$

Zustände mit den Drehimpulsen $0, 1, 2, 3, \ldots$ (in Einheiten von $\hbar$) heißen **S-, P-, D-, F-, ...-Zustände**.[7] Wir erhalten somit den S-Zustand

$$Y_{0,0} = \frac{1}{\sqrt{4\pi}} \qquad (A.28)$$

und die drei P-Zustände[8]

---

[7] Die Bezeichnung stammt aus der Spektroskopie; sie steht für „sharp", „principal", „diffuse" und „fundamental" (siehe auch Abschn. 2.4). Nach den F-Zuständen folgt die Bezeichnung dem Alphabet, also G, H, ...

[8] Die Wahl der Vorzeichen folgt einer der üblichen Phasenkonventionen.

$$Y_{1,1}(\vartheta, \varphi) = -\sqrt{\frac{3}{8\pi}} \cdot \sin\vartheta \cdot e^{i\varphi} \,, \tag{A.29a}$$

$$Y_{1,0}(\vartheta, \varphi) = \sqrt{\frac{3}{4\pi}} \cdot \cos\vartheta \,, \tag{A.29b}$$

$$Y_{1,-1}(\vartheta, \varphi) = \sqrt{\frac{3}{8\pi}} \cdot \sin\vartheta \cdot e^{-i\varphi} \,. \tag{A.29c}$$

Ein erstes, wichtiges Ergebnis ist, dass **S-Zustände kugelsymmetrisch sind**! Damit ist das Problem der Tabelle am Ende von Abschn. 2.5 durch die Quantenmechanik gelöst.

A.5 Die Zeitabhängigkeit des ausgelenkten harmonischen Oszillators

Gleichung (5.14) beschreibt den um d verschobenen Grundzustand des eindimensionalen harmonischen Oszillators. Wir wollen nun fragen, wie sich dieser Zustand zeitlich entwickelt, wenn (5.14) die Wellenfunktion zum Zeitpunkt $t = 0$ darstellt. Für die zeitabhängige Wellenfunktion gilt die Schrödingergleichung (8.6) in der Form

$$i\hbar\dot\psi_d(x, t) = \underline{H}\psi_d(x, t) \tag{A.30}$$

mit dem Hamiltonoperator aus Abschn. 4.3! (die Zeitableitung ist wieder durch den Punkt über dem Variablensymbol angegeben).

Ähnlich wie in (5.16) entwickeln wir den Zustand $\psi_d(x, t)$ nach den Energieeigenzuständen, berücksichtigen aber nun auch deren Zeitabhängigkeit,

$$\psi_d(x, t) = \sum_{n=0}^{\infty} c_n\psi_n(x, t) = \sum_{n=0}^{\infty} c_n\psi_n(x) \cdot e^{-iE_n t/\hbar} \,. \tag{A.31}$$

Die c_n sind dieselben wie in (5.20), da für $t = 0$ (A.31) mit (5.16) übereinstimmen muss. Wegen (4.32) können wir auch schreiben

$$\psi_d(x, t) = e^{-i\omega t/2} \sum_{n=0}^{\infty} c_n\psi_n(x) \cdot e^{-in\omega t} \,. \tag{A.32}$$

Zur weiteren Berechnung müssen wir die Eigenfunktionen des harmonischen Oszillators durch Hermite-Polynome darstellen. Dazu setzen wir

$$\psi_n(x) = N_n \cdot H_n(\xi) \cdot e^{-\xi^2/2} \tag{A.33}$$

mit der dimensionslosen Variable

$$\xi = \sqrt{\frac{m\omega}{\hbar}} \cdot x \, . \tag{A.34}$$

Die Schrödingergleichung (4.21) – unter Berücksichtigung der Energieeigenwerte (4.32) – schreibt sich mit der Variablen ξ nun

$$\left(\frac{d^2}{d\xi^2} + 2n + 1 - \xi^2 \right) \psi_n(\xi) = 0 \tag{A.35}$$

oder – mit (A.33) und ausdifferenzieren – für H_n

$$H_n''(\xi) - 2\xi H_n'(\xi) + 2n H_n(\xi) = 0 \, , \tag{A.36}$$

wobei wir die Ableitungen durch die üblichen Striche gekennzeichnet haben. Gleichung (A.36) ist die Differentialgleichung für die **Hermite-Polynome**. Wir folgen der üblichen Normierung

$$\int_{-\infty}^{\infty} d\xi \cdot H_n(\xi) H_m(\xi) e^{-\xi^2} = 2^n n! \sqrt{\pi} \delta_{n,m} \, , \tag{A.37}$$

so dass sich der Normierungsfaktor in (A.33) wegen der Bedingung (4.22) errechnet als

$$N_n^2 = \sqrt{\frac{m\omega}{\hbar\pi}} \frac{1}{2^n n!} \, . \tag{A.38}$$

Für die Hermite-Polynome existiert folgende **erzeugende Funktion** $S(\xi, s)$

$$S(\xi, s) = e^{\xi^2 - (s-\xi)^2} = e^{-s^2 + 2s\xi} = \sum_{n=0}^{\infty} \frac{H_n(\xi)}{n!} \cdot s^n \, . \tag{A.39}$$

Damit können wir ψ_d aus (A.32) nun schreiben als

$$\psi_d(x, t) = e^{-i\omega t/2} \sum_{n=0}^{\infty} c_n N_n H_n(\xi) e^{-in\omega t - \xi^2/2} \, . \tag{A.40}$$

Die c_n (siehe (5.20)) schreiben wir ebenfalls, mit der dimensionslosen Größe

$$\eta = \frac{m\omega}{\hbar} \cdot d \, , \tag{A.41}$$

als

$$c_n = e^{-\eta^2/4} \left(\frac{\eta^2}{2} \right)^{n/2} \cdot \frac{1}{\sqrt{n!}} \tag{A.42}$$

und erhalten somit aus (A.40)

$$\psi_d(x, t) = \exp\left(-\frac{\eta^2}{4} - \frac{\xi^2}{2} - \frac{i}{2}\omega t \right) \left(\frac{m\omega}{\hbar\pi} \right)^{\frac{1}{4}}$$
$$\cdot \sum_{n=0}^{\infty} \frac{1}{n!} \left(\frac{\eta}{2} e^{-i\omega t} \right)^n H_n(\xi) . \tag{A.43}$$

Vergleichen wir die Summe in (A.43) mit der erzeugenden Funktion, (A.39), so sehen wir, dass wir sie durch die Exponentialfunktion der Erzeugenden ersetzen können, wenn wir s ersetzen durch

$$s = \frac{\eta}{2} e^{-i\omega t} , \tag{A.44}$$

damit wird aus (A.43)

$$\psi_d(x, t) = \left(\frac{m\omega}{\hbar\pi} \right)^{1/4} \exp\left(-\frac{\eta^2}{4} - \frac{\xi^2}{2} - \frac{i}{2}\omega t \right)$$
$$\cdot \exp\left(-\frac{\eta^2}{4} e^{-2i\omega t} \right) \exp\left(\eta\xi e^{-i\omega t} \right) . \tag{A.45}$$

Trennen wir gemäß der Eulerschen Formel[9] Real- und Imaginärteil im Exponenten, so erhalten wir nach einigen Umformungen trigonometrischer Art

$$\psi_d(x, t) = \left(\frac{m\omega}{\hbar\pi} \right)^{\frac{1}{4}} \exp\left\{ -[\xi - \eta \cdot \cos(\omega t)]^2/2 \right\}$$
$$\cdot \exp\left\{ i \left[\frac{\eta^2}{4} \sin(2\omega t) - \eta\xi \sin(\omega t) - \frac{\omega t}{2} \right] \right\} . \tag{A.46}$$

Im Absolutquadrat stimmt dies – unter Berücksichtigung von (A.34) und (A.41) – mit (8.10) überein.

---

[9] $e^{i\phi} = \cos\phi + i \cdot \sin\phi$.

Sachverzeichnis

Aufbruch in die Quantenwelt

Spontan, direkt und fröhlich stellt die Studentin Nina ihre naiven Fragen zur Quantenwelt. Prof. Pietschmann antwortet in lockerer Weise.

Bildhaft und ohne Formeln, wird Lehrern und Studenten eine Brücke gebaut, um dualistische Denkformen, die keine eindeutige Antwort zulassen, dennoch zu verstehen und zu vermitteln.

Der Film eignet sich hervorragend für Unterrichtszwecke. Er kann bestellt werden bei Lhotsky Film Gesellschaft, A-1070 Wien, Neubaugasse 3

(e-mail: lhotsky-film@netway.at)

Von und mit
o. Univ. Prof. Dr. Herbert Pietschmann, Institut für theoretische Physik, Wien

Dieser Film zum Buch ist eine Gemeinschaftsproduktion des österreichischen Bundesministeriums für Bildung, Wissenschaft und Kultur, Abt. Medienservice, und Lhotsky Film, Wien

dkp · BA 49777/SF

Druck und Bindung: Strauss GmbH, Mörlenbach